生物化学工学の基礎

松 井　　徹
【編著】

上 田　　誠・黒 岩　　崇
武 田　　穣・徳 田 宏 晴
【共著】

コロナ社

ま え が き

　本書は，生物化学工学をこれから専攻しようとする高専学生，大学学部生を
対象に，数式が多くなりがちな当該分野を平易に理解していただけるよう執
筆・編集したものである。

　生物は地球上に発生してから，環境変化に適応し生き残るための進化を経て，
さまざまな機能を獲得してきた。人類の歴史では，紀元前よりエジプトでワイ
ンの製造がされていたという記録があり，わが国でも鎌倉時代より味噌，醤油，
酒などの伝統的な醸造産業が始まったが，製造のための詳細なメカニズムにつ
いてはほとんど不明であり経験に依存していた。20世紀初めに，フレミング
によって青かびのペニシリン生産が発見され，1940年代にはペニシリンをは
じめとする抗生物質の大量生産により，医療分野での生物機能の利用が開始さ
れた。このようなさまざまな生物現象を物質レベルで解明するため，生化学，
分子生物学が発展してきた。さらに，これらの総合的な成果として遺伝子組換
え技術を活用した大腸菌によるヒトタンパク質の生産，クローン動物の育種，
万能細胞の創出が可能となってきたことは周知のとおりである。

　このように，生物機能の利用が，幅広い産業に確実に拡大されるとともに大
学でのバイオサイエンスの専門知識を活用して企業に貢献することが求められ
るようになってきた。しかし，バイオサイエンスの知識だけでは，企業の研究
開発はできないものである。一方，新しい化学反応を利用して化学製品を「効
率的に」「大量」生産するために「化学工学」や「工業化学」の分野が発展し
てきたが，常温，常圧の温和な反応をおもな特徴とする生化学反応はある意味
「繊細」であり，化学工学的なアプローチが適用できないことも多い。つまり，
生物の特徴を知らずに生化学反応を扱うと，良い製品はできないのである。

　生物機能を活用した製品・プロセス・情報およびこれに関連する産業をバイ
オ産業とよぶことにするとバイオ産業に関わっている企業は，食品，石油化
学，医療・健康，建築，環境廃棄物処理の分野へ事業を拡大している。新規事

業としての研究開発を含めればほぼすべての企業がバイオ産業に興味をもっているといっても過言ではないであろう。

　高校生まで，生物学，化学を学習し，バイオテクノロジーに興味をもつ学生は少なくないと思うが，バイオ製品をつくり出すためには，生物機能の理解や，遺伝子工学技術の利用だけでは成り立たず，効率的に生産（あるいは実施）するための理論的裏づけが必要になってくる。この基本になるのが，生物化学工学である。本書には，バイオプロセスという言葉が多用されているが，これは，バイオ製品を社会に送り出すまでのすべてを含んでおり，コストに見合うように「効率化」「最適化」の観点からバイオ製品のつくり方を見ることを意味する。特にここ数年は，「バイオ」＝「バイオテクノロジー」と捉えられていたものが，バイオテクノロジーを活用して経済活動を活性化し，社会に大きなインパクトを与える分野として「バイオ」が捉えられるようになってきた。これが「21世紀はバイオの時代」といわれる所以であり，一般の人にもバイオが身近に感じられるようになりつつある所以でもある。このような考え方を最近では「バイオエコノミー」とよんでおり，欧州経済協力開発機構（OECD）が2009年に「2030年に向けてのバイオエコノミー」と題する報告書を出して以来，欧米アジアの各国ではそれぞれの国に見合ったバイオエコノミー戦略を策定し，再生可能な生物由来の資源の活用と，それを経済成長に結びつける方針を打ち出している[†]。また，2015年には第1回グローバルバイオエコノミーサミットがベルリンで開催されている。筆者も20年ほど前に企業研究者としてスイスを訪問した際，微生物工学の著名な教授が，「私の専門はバイオエコノミーだ」というのを耳にし，この方は経済学も研究しているのか，と不思議に感じたのを思い出す。

　本書において扱う生物化学工学は，バイオサイエンスとバイオ産業をつなぐ総合的な分野と捉えていただきたい。本書は，生物学，化学の一項目としてバ

[†]　五十嵐圭日子：バイオエコノミーによるゲームチェンジを私たちはどう受けるか：欧州の動向に対する一考察，バイオサイエンスとインダストリー，**75**（4），pp.344-348，バイオインダストリー協会（2017）

イオサイエンスを学んできた方だけでなく，石油化学産業の基盤として長い歴史を有する化学工学，工業化学に関する十分な知識のある中堅の企業研究者の方々にも入門書としてご利用いただけるように構成したため，従来の生物化学工学とは異なる部分があることをご容赦願いたい。つまり，高校レベルの生物学，基礎的な生物化学・分子生物学を復習するための「基礎」の項目を設け，ほかの生物学や化学の専門書に頼らずとも生物化学工学の考え方に自然に入っていけるよう工夫した。また，先に紹介した「バイオエコノミー」は，単なる生産効率だけでなく，持続可能な技術構築（sustainable technology），情報処理（bioinformatics），人材育成（human resource development）を含んでいる。本書においても生物化学工学に関連する部分は積極的に取り入れるようにした。

　本書の執筆は，微生物反応工学，生物化学工学，応用微生物学を専門とする教員，企業開発経験のある方にお願いした。学部講義としての「生物化学工学」は，数式が多くて難しそう，と敬遠しがちな学生の見方がある一方で，固定化生体触媒によるアミノ酸生産，グルタミン酸ソーダ生産，洗剤用酵素の開発など，日本から発信されたバイオ製品の技術紹介については，もっと知りたいという積極的な感想が寄せられている。特に，2015 年大村智博士による抗寄生虫物質生産微生物に関する成果に対してのノーベル生理学・医学賞受賞は，バイオ製品を完成させることの重要性を強く感じさせたであろう。本書では，バイオ製品についてさらに興味をもっていただくことを目的に，実用化例を紹介する項目を 0 章，15 章に設けた。なお，生物現象の定量的な把握を目的とした動力学などは，必要最小限にとどめ，さらに学習してほしい計算演習に関しては日本生物工学会編集の『基礎から学ぶ生物化学工学演習』（コロナ社）とあわせて利用することをお薦めしたい。当然のことであるが，扱う生物種の拡大に伴いバイオプロセスの検討項目は細分化されつつある。これに関しては，個別に学術論文を調査してほしい。

　なお，各章演習問題の略解は，コロナ社の Web ページ http://www.coronasha. co.jp/np/isbn/9784339067569/（URL は 2018 年 6 月現在）に掲載した。

　読者対象としては，バイオテクノロジーに興味ある高校生，応用生物関連の

iv　　ま　え　が　き

学部に在籍する大学 1，2 年生，新規事業としてバイオ機能を利用することになったが，どこから取り組んでよいかわからない企業研究者，生物工学関連の講義を考えている教員などが考えられる。われわれの生活にはさまざまな分野に（意外と）バイオ技術が入り込んでおり，それぞれにサクセスストーリー，エピソードがあることも興味深い。本書のコラムをきっかけに知識を深めていただければ幸甚である。

　最後に，本書のイメージをとりまとめ，カバーのイラストを作成してくださった松井彩也子さん（芝浦工業大学デザイン工学部），読みやすい生物化学工学の教科書をつくりたい，という想いを現実のものにしてくださった，コロナ社の皆さんに感謝いたします。

2018 年 6 月

松　井　　徹

執筆分担

松井　徹	3，11，12 章
上田　誠	0，7，13，15 章
黒岩　崇	5，6，9 章
武田　穣	1，2，14 章
徳田宏晴	4，8，10 章

目　　　次

第 0 部：社会に役立つ生物化学工学

0章　社会に役立つ生物化学工学

0.1　社会のニーズと生物化学工学 ………………………………………… 2

0.2　私たちの身のまわりのバイオテクノロジーの利用 ………………… 3

0.3　バイオプロセスの特徴と利用分野 …………………………………… 5

0.4　バイオ法アクリルアミドの生産 ……………………………………… 7

コラム　グリーンケミストリー …………………………………………… 9

演 習 問 題 ………………………………………………………………… 10

第 1 部：生命科学の基礎

1章　微生物学の基礎

1.1　真核微生物と原核微生物 ……………………………………………… 12

1.2　栄 養 形 式 …………………………………………………………… 13

1.3　生 育 環 境 …………………………………………………………… 14

  1.3.1　温　　　　度 ………………………………………………………… 14

  1.3.2　水　分　量 …………………………………………………………… 15

  1.3.3　酸 素 濃 度 …………………………………………………………… 15

  1.3.4　pH …………………………………………………………………… 16

  1.3.5　塩濃度，光，放射線，圧力 ………………………………………… 16

1.4　細 菌 の 分 類 ………………………………………………………… 17

  1.4.1　分 類 体 系 …………………………………………………………… 17

vi 目 次

1.4.2 分 類 指 標	…………………………………	18
1.4.3 形態学的分類指標	…………………………………	18
1.4.4 生理・生態学的分類指標	…………………………	20
1.4.5 化学的分類指標	…………………………………	20
1.4.6 系 統 分 類	…………………………………	21

1.5 培　　　　　養 ……………………………………………… 22

1.5.1 培　　　　　地	…………………………………	22
1.5.2 培 養 形 式	…………………………………	22

コラム 微生物との同居の心得 ……………………………… 23

演 習 問 題 ……………………………………………………… 24

2章　生化学の基礎

2.1 生体物質の構造と性質 …………………………………… 26

2.1.1 生 体 物 質	…………………………………	26
2.1.2 タ ン パ ク 質	…………………………………	26
2.1.3 脂　　　　　質	…………………………………	28
2.1.4 糖　　　　　質	…………………………………	31
2.1.5 核　　　　　酸	…………………………………	33

2.2 代表的な代謝経路 ………………………………………… 35

2.2.1 代 謝 と 栄 養	…………………………………	35
2.2.2 発酵（基質レベルのリン酸化）	………………………	36
2.2.3 呼吸（酸化的リン酸化）	…………………………	37
2.2.4 光合成（光リン酸化）	……………………………	40

コラム 砂糖はおとなしいからこそ甘い ……………………… 41

演 習 問 題 ……………………………………………………… 41

3章　分子生物学の基礎

3.1 セントラルドグマと遺伝子構造 ………………………… 44

3.2 遺伝子工学による異種遺伝子の発現 …………………………… 45

　3.2.1 組換えベクターの構築 …………………………………… 45

　3.2.2 形 質 転 換 …………………………………………………… 47

　3.2.3 目的組換え菌の増殖と選択 ……………………………… 48

　3.2.4 目的遺伝子の形質発現 …………………………………… 48

3.3 遺伝子組換え技術 …………………………………………………… 49

　3.3.1 電 気 泳 動 …………………………………………………… 49

　3.3.2 PCR ………………………………………………………… 49

　3.3.3 DNA シーケンス解析技術 ……………………………… 51

3.4 遺伝子工学的育種のために重要な技術 …………………………… 51

　3.4.1 突 然 変 異 …………………………………………………… 51

　3.4.2 バイオインフォマティクス ……………………………… 51

コラム 省エネ微生物（遺伝子組換えで酸素供給を改善）…………… 52

演 習 問 題 ……………………………………………………………… 53

第2部：生物化学工学の基礎

4章　生物化学工学とは

4.1 生物化学工学の位置づけ …………………………………………… 55

4.2 生物産業への生物化学工学の適用 ………………………………… 56

　4.2.1 使用微生物の選定 ………………………………………… 58

　4.2.2 種 菌 の 培 養 ………………………………………………… 60

　4.2.3 主 発 酵 …………………………………………………… 61

　4.2.4 生産物の分離精製と製品化 ……………………………… 62

4.3 生物化学工学を学ぶにあたって …………………………………… 63

コラム 数学は嫌い，化学や物理も苦手… …………………………… 64

演 習 問 題 ……………………………………………………………… 64

5章　単位計算の基礎

5.1　単位はなぜ大切か ……………………………………………… 66

5.2　SI 単位系 ― 世界標準の単位 ― ……………………………… 66

5.3　単位計算の基本 ………………………………………………… 69

　5.3.1　物理量の表し方と計算の考え方 ……………………… 69

　5.3.2　単 位 の 換 算 ……………………………………………… 70

　5.3.3　マスターしておきたい単位 ……………………………… 72

　コラム　意外に使える「ざっくり計算」………………………… 78

演 習 問 題 …………………………………………………………… 79

6章　物質・エネルギー収支計算の基礎

6.1　収支とはなにか ………………………………………………… 81

6.2　保存則と収支式の考え方 ……………………………………… 82

　6.2.1　保 　 存 　 則 ……………………………………………… 82

　6.2.2　収支式のつくり方 ………………………………………… 83

6.3　エネルギー収支 ………………………………………………… 84

6.4　物 　 質 　 収 　 支 ……………………………………………… 88

6.5　物質収支・エネルギー収支と生物化学量論 ………………… 92

　コラム　微生物の化学式？ ……………………………………… 94

演 習 問 題 …………………………………………………………… 94

7章　生体触媒の特性

7.1　生 体 触 媒 と は ……………………………………………… 97

7.2　酵素反応の特性 ………………………………………………… 97

　7.2.1　活性化エネルギーと酵素 ………………………………… 97

　7.2.2　酵素反応の特徴：温和な条件（温度，pH）…………… 98

目　　　　　次　　ix

7.2.3　酵素反応の特徴：特異性（反応，基質，立体）……………… 99
7.2.4　酵素反応の仕組み ……………………………………………… 100
7.2.5　酵 素 の 構 造 …………………………………………………… 101
7.3　モノづくりにおける酵素 ………………………………………… 103
7.3.1　化学反応との比較 ……………………………………………… 103
7.3.2　酵素の多様性 …………………………………………………… 104
コラム　遺伝子工学に欠かせない耐熱性 DNA ポリメラーゼ ………… 106
演 習 問 題 …………………………………………………………… 107

8章　バイオプロセスとバイオリアクター

8.1　バイオプロセスの特性 …………………………………………… 109
8.2　各種バイオリアクターとその特性 ……………………………… 110
8.2.1　運転操作法によるバイオリアクターの分類 ………………… 111
8.2.2　型式によるバイオリアクターの分類 ………………………… 113
コラム　相反するニーズを満たす ― 王冠についているギザギザの数はいくつ？ ― … 118
演 習 問 題 …………………………………………………………… 118

9章　バイオプロセスの操作要素

9.1　バイオリアクター内の物理現象 ― 移動現象の基礎 ― ……… 120
9.1.1　流 動 と 粘 度 ………………………………………………… 120
9.1.2　熱移動と熱伝導度 ……………………………………………… 122
9.1.3　物質移動と拡散係数 …………………………………………… 123
9.1.4　移動現象の相似性（アナロジー）……………………………… 125
9.2　バイオリアクター内の物質移動 ―培養槽への酸素供給 ― ……… 125
9.2.1　境界層と境膜説 ………………………………………………… 125
9.2.2　二重境膜モデルと酸素移動容量係数 k_La …………………… 127
9.2.3　k_La に影響を及ぼす因子 …………………………………… 129
9.3　滅 菌 操 作 ………………………………………………………… 130

x　　目　　　　　　次

9.3.1　微生物死滅の速度論 ……………………………… 130
9.3.2　殺菌と加熱操作 ……………………………………… 133
コラム　培養液の流動特性とレオロジー ……………………… 134
演　習　問　題 …………………………………………………… 135

10章　酵素反応速度論

10.1　酵　素　と　は ……………………………………………… 137
10.2　酵素反応の速度論 ………………………………………… 138
　10.2.1　律速段階法による v_p の算出 ……………………… 139
　10.2.2　定常状態法による v_p の算出 ……………………… 141
10.3　酵素反応の阻害 …………………………………………… 143
　10.3.1　拮抗阻害型の酵素反応 ……………………………… 143
　10.3.2　非拮抗阻害型の酵素反応 …………………………… 145
　10.3.3　不拮抗阻害型の酵素反応 …………………………… 146
10.4　酵素反応における定数値の算出 ………………………… 148
　10.4.1　Lineweaver-Burk プロット ………………………… 148
　10.4.2　各動酵素反応の動力学定数 ………………………… 149
コラム　「トリアエズ・ビール」は何社のどんな種類のビールですか？ …… 151
演　習　問　題 …………………………………………………… 151

11章　微生物反応速度論

11.1　微生物量の測定法 ………………………………………… 154
　11.1.1　重　　量　　法 …………………………………………… 154
　11.1.2　濁　　度　　法 …………………………………………… 154
　11.1.3　細 胞 数 計 数 法 …………………………………………… 155
　11.1.4　間 接 的 測 定 法 …………………………………………… 155
　11.1.5　そ　　の　　他 …………………………………………… 155
11.2　増　殖　曲　線 ……………………………………………… 155

目　　　次　　*xi*

11.3　単細胞微生物の増殖 ……………………………………………… 156

11.3.1　基質濃度と増殖速度の関係 ……………………………… 158

11.3.2　基 質 消 費 速 度 ……………………………………… 159

11.3.3　基質消費速度の計算法（連続培養）………………… 160

コラム　微生物の故郷 ― 土壌 ― ………………………………… 161

演 習 問 題 ………………………………………………………… 162

第 3 部：バイオプロセスの実際

12章　微生物（動物・植物細胞）のバイオプロセス

12.1　微生物培養による有用物質生産 ……………………………… 164

12.1.1　化学生産への応用 ………………………………… 164

12.1.2　医薬品（生理活性物質）への応用 ………………… 165

12.2　微生物の培養方法 ……………………………………………… 166

12.3　植物細胞培養による有用物質生産 …………………………… 167

12.3.1　植物培養細胞の大きさと工業生産に用いる利点 ………… 167

12.3.2　植物培養細胞の今後の課題 ………………………… 168

12.4　動物細胞の培養 ………………………………………………… 169

12.4.1　工業生産に用いられる培養動物細胞 ……………… 169

12.4.2　動物細胞の増殖速度 ………………………………… 171

コラム　醤油やお酒をつくる人は納豆を食べてはいけない？ ………… 172

演 習 問 題 ………………………………………………………… 173

13章　酵素バイオリアクター

13.1　モノづくりでの酵素反応の利用 ……………………………… 175

13.2　食 品 分 野 ……………………………………………… 176

13.2.1　異 性 化 糖 ……………………………………………… 176

xii 目次

13.2.2 トレハロース ……………………………………………… 177

13.2.3 機能性油脂 ……………………………………………… 178

13.2.4 核酸系うまみ調味料 ……………………………………… 178

13.3 化学品，ビタミン分野 ……………………………………… 179

13.3.1 ニコチン酸アミド ………………………………………… 179

13.3.2 配 糖 体 ………………………………………………… 180

13.4 医 薬 分 野 ………………………………………………… 181

13.4.1 光学活性アミノ酸 ………………………………………… 181

13.4.2 光学活性アミン …………………………………………… 182

13.4.3 β-ラクタム系抗生物質 …………………………………… 183

コラム アミノ酸系甘味料アスパルテームの製法開発 …………… 184

演 習 問 題 …………………………………………………………… 185

14章 排水処理プロセス

14.1 排水処理の概要 ……………………………………………… 187

14.1.1 排水処理の目的 …………………………………………… 187

14.1.2 水 質 の 指 標 …………………………………………… 188

14.1.3 好気処理と嫌気処理 ……………………………………… 189

14.2 浮 遊 生 物 法 …………………………………………… 190

14.2.1 活 性 汚 泥 法 …………………………………………… 190

14.2.2 嫌気性接触法（嫌気的活性汚泥法） …………………… 192

14.3 固着生物法（生物膜法） …………………………………… 193

14.3.1 生物膜法の特徴 …………………………………………… 193

14.3.2 回 転 円 盤 法 …………………………………………… 194

14.3.3 浸 漬 ろ 床 法 …………………………………………… 195

14.4 余剰汚泥の減容化と活用 …………………………………… 196

コラム 小型浄化槽の小さな歴史 ……………………………………… 197

演 習 問 題 …………………………………………………………… 197

第4部：これからの生物化学工学

15章　これからの生物化学工学

15.1　バイオテクノロジーを飛躍的に発展させる技術革新 ·················· 200

15.2　合成生物学による生物的モノづくりの革新 ····················· 202

15.3　医療の変革 ··· 206

コラム　健康とバイオテクノロジーの進歩 ····························· 208

演 習 問 題 ·· 208

引用・参考文献 ·· 209

索　　　引 ·· 212

第 0 部：社会に役立つ生物化学工学

0章 社会に役立つ生物化学工学

◆ 本章のテーマ

　本章では，生物化学工学による生物の機能を利用したモノづくりなどの技術が社会に役立っていることを学ぶ。歴史的にもヒトは微生物や酵素の存在を知る前からこれらを利用していた。現在では，バイオテクノロジーの進展に伴い，生物機能を利用してさまざまな物質がつくられ，多くの産業分野で活用されている。バイオ製品はエタノールやアクリルアミドのような低分子の基礎化学品から，タンパク質からなる高分子のバイオ医薬品まで多様である。

◆ 本章の構成（キーワード）

0.1　社会のニーズと生物化学工学
　　　　持続可能な社会，食糧・医療・環境・エネルギー
0.2　私たちの身のまわりのバイオテクノロジーの利用
　　　　発酵食品，バイオプロセス，遺伝子組換え酵素
0.3　バイオプロセスの特徴と利用分野
　　　　バイオプロセスによる生産物，バイオ製品の多様性
0.4　バイオ法アクリルアミドの生産
　　　　バイオ法アクリルアミド，ニトリルヒドラターゼ

◆ 本章で知ってほしいこと（チェックポイント）

□　生物化学工学が広く世の中に役立っていること。
□　バイオテクノロジーは身近な技術であること。
□　食品加工の分野でも最新のバイオテクノロジーが活用されていること。
□　多くの産業分野でバイオプロセスによるモノづくりが行われていること。
□　バイオ製品は医薬から汎用化学品まで多様性があること。

0.1 社会のニーズと生物化学工学

バイオマスからの**バイオエタノール**の生産や，**iPS 細胞**（人工多能性幹細胞，induced pluripotent stem cell）による**再生医療**や医薬の開発など，環境・エネルギー分野や医療分野など生物の機能を利用した技術は私たちの身近にたくさんある。バイオテクノロジーは，ヒトが地球上でさまざまな生物と折り合いをつけ，快適な生活を送るうえで重要な技術である。

なぜならば，近年，人口の増加やエネルギー多消費型の生活により，ヒトの生命活動による地球環境への影響は無視できない状態となっている。環境との調和をとりながら，太陽光を含む資源や素材を効率的に活用して豊かな生活を実現することが理想である。そのためには環境負荷が少なく持続可能な社会を実現する技術の開発が必要だからである。

生物化学工学は生物機能を工学的に捉え，微生物や酵素，動物，植物，**ゲノム**（genome）情報などを素材として生物学，生化学，細胞学，分子生物学などから得られる生物機能の理解を人類の課題である食糧，医療，環境，エネルギー問題の解決に適用する技術である。**表0.1**には，人々が求める社会のニーズとそれらに応える生物化学工学の代表的な実例を示した。生物化学工学はおもにモノづくりの分野で社会に役立っていることがわかる。

表0.1 社会のニーズと生物化学工学

社会のニーズ	生物化学工学の適用例
環境負荷の少ない化学工業	バイオリアクターによる化学品の生産
健康な生活	動物細胞によるバイオ医薬の開発と生産 酵素反応による機能性食品の生産
安全で美味しい食品	食品加工での酵素の利用 植物工場での野菜生産
エネルギー問題	バイオ燃料の開発と生産

0.2 私たちの身のまわりのバイオテクノロジーの利用

ヒトは何千年も昔からお酒や醤油やヨーグルトなどの発酵食品をつくってきた。微生物や酵素の存在を知らずにこれらの技術はその作用を巧みに利用して生活を豊かにしてきた。

その後，微生物の発見や酵素の働きが見い出され，微生物の機能を積極的に利用したエタノール生産や有機酸，アミノ酸，抗生物質などの大量生産が可能となってきた。生物の機能発現は酵素反応が集積した結果であり，有用な微生物をモノづくりのための反応触媒として利用する技術は生物化学工学によって構築されるバイオプロセスという。現在では生物化学工学により生物機能を利用した多くの工業化技術でさまざまな物質が生産されている。湿潤で温暖な気候にある日本はこれらの技術，特に微生物をうまく使いこなす発酵技術を得意としており，食品，化粧品や医薬などの分野で多くの製品を生み出している（**表0.2**）。

表0.2 私たちの身のまわりのバイオプロセス例

分　野	製　品
食　品	ビール，日本酒，ワイン，パン，ヨーグルト，チーズ
調味料	アミノ酸，クエン酸
有機酸	クエン酸，イタコン酸
化学品	エタノール，ビタミン類
医療分野	抗生物質類
酵　素	洗剤用酵素（プロテアーゼ，アミラーゼ，リパーゼ，セルラーゼ）

さらに遺伝子組換え技術の進歩により，微生物や植物，あるいは動物から有用な酵素の遺伝子を取り出し，遺伝子組換えにより酵素を大量生産し，食品加工や医薬や化学品の製造に用いることが日常的になってきた。遺伝子組換え技術の普及例として，**表0.3**にわが国で認可されている遺伝子組換え技術を利用した食品用酵素を示す。原料を有効に利用したり，食品の風味を高めるため

4   0. 社会に役立つ生物化学工学

表 0.3 わが国で安全審査を手続きを経た組換え DNA 技術応用食品添加物（酵素）[1]

対象品目	名　称/申請者/開発者	性　質	官報掲載
α-アミラーゼ	TS-25/ノボザイムズ/Novozymes A/S	生産性向上	2001
	BSG-アミラーゼ/ノボザイムズ/Novozymes A/S	生産性向上	2001
	TMG-アミラーゼ/ノボザイムズ/Novozymes A/S	生産性向上	2001
	SP961/ノボザイムズ/Novozymes A/S	生産性向上	2002
	LE399/ノボザイムズ/Novozymes A/S	生産性向上	2005
	SPEZYME FRED™/ジェネンコア/Genencor Inc.	耐熱性向上	2007
	α-アミラーゼ/ノボザイムズ/Novozymes A/S	耐熱性向上 スクロース 耐性向上	2014
	α-アミラーゼ/ノボザイムズ/Novozymes A/S	耐熱性向上	2015
キモシン	マキシレン/ロビン/DSM	生産性向上	2001
	カイマックス キモシン/野澤組/CHR. HANSEN A/S	生産性	2003
プルラナーゼ	Optimax/ジェネンコア/Genencor Inc.	生産性向上	2001
	SP962/ノボザイムズ/Novozymes A/S	生産性向上	2002
リパーゼ	SP388/ノボザイムズ/Novozymes A/S	生産性向上	2001
	NOVOZYM677/ノボザイムズ/Novozymes A/S	生産性向上	2003
グルコアミラーゼ	AMG-E/ノボザイムズ/Novozymes A/S	生産性向上	2002
α-グルコシルトランスフェラーゼ	6-α-グルカノトランスフェラーゼ/江崎グリコ/江崎グリコ	生産性向上 性質改変	2012
	4-α-グルカノトランスフェラーゼ/江崎グリコ/江崎グリコ	生産性向上	2012
シクロデキストリングルカノトランスフェラーゼ	シクロデキストリングルカノトランスフェラーゼ/日本食品化工/日本食品化工	生産性向上 性質改変	2014

平成 27 年 6 月 1 日現在

食品の製造工程で酵素を添加することは多い。安価で美味しい食品をつくるうえで，デンプンや油脂，タンパク質に作用する酵素として遺伝子組換え品を用いることが多くなっている。

　より最近では，生命現象をより深く包括的に解析・解明する**オミックス**

（omics）技術（**ゲノミクス**（genomics，ゲノム学），**プロテオミクス**（proteomics，プロテオーム解析），**メタボロミクス**（metabolomics，代謝物の網羅的解析））の進展により，生物の成り立ちと機能に関する理解が進み，生物機能の産業への利用は単一の酵素反応だけでなく，微生物，動物，植物の細胞や個体による医薬品，食品，工業素材などの生産プロセスの構築へと発展している。遺伝子，酵素，細胞などを容易に取り扱い，各種の技術を統合して生物やその生産物を産業に役立てるのがバイオテクノロジーであり，化学工業，農林水産業，医薬品工業など多くの産業分野の基盤となっている。

0.3 バイオプロセスの特徴と利用分野

　微生物や酵素を用いたモノづくりをバイオプロセスといい，生物化学工学を主とする各種バイオテクノロジーの技術による環境負荷の少ないモノづくり技術として注目されている。バイオプロセスの特徴と利用分野について説明する。

　まず，バイオプロセスによる生産物の特徴について述べる。バイオプロセスによる生産物は生体の代謝や酵素反応の生成物であるため，その生産物は生体成分であることが多く，生分解性をもつ環境負荷の低い化合物となる。また，有機合成反応では合成困難な生物ならではの複雑性も有する。例えば，糖質やタンパク質，核酸などの高分子である。

┌─ **バイオプロセスによる生産物の特徴** ──────────────
│　　・生体成分や類似成分である
│
│　　・不斉炭素をもつ場合は光学活性体である
│
│　　・水溶性化合物である
│
│　　・エタノールのような低分子からタンパク質や核酸のような高分子である
└─────────────────────────────────────

バイオプロセスの反応の特徴は，生体反応なので反応の選択性が高く，またバイオマスを原料にでき温和な条件で反応できるため，製法としても環境負荷が低くなる。

バイオプロセスの反応の特徴

・反応の選択性が高い：副反応が少ない（高純度）

・温和な条件で反応が進む

・バイオマスを原料として多段階の反応（発酵）が可能

これらの特徴から，バイオプロセスが人々の暮らしに役立っている分野を**図0.1**にまとめた。また，将来の可能性について記した。

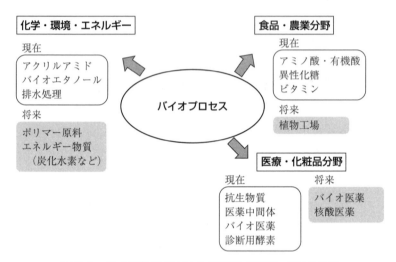

図0.1 バイオプロセスが人々の暮らしに役立っている分野

食品・農業分野は生体成分がそのまま商品となるアミノ酸，有機酸や糖質など，従来からバイオプロセスが強みをもつ分野である。将来は機能性の食品成分や**植物工場**による機能性植物などへの発展が期待できる。

医療・化粧品分野は生体の代謝や酵素反応の精密性を活かした構造の複雑な生理活性物質（抗生物質など）や医薬中間体，また血液や尿から特定の物質を測定する診断用酵素などである。今後は，**バイオ医薬品**となるタンパク質製剤や**遺伝子治療**で用いられる核酸などの生体高分子を安全に安価につくることが必要となってくる。

化学・環境・エネルギー分野では，基礎化学品であるアクリルアミドやバイオエタノールなどが微生物の発酵や酵素反応により製造されている。将来は，

バイオテクノロジーの進展によりポリマー原料や燃料など環境に配慮した生産物が増えていくことが期待されている。また，地球環境の保全の面から，産業廃棄物やヒトの生活により排出される化学品を排水処理することもバイオプロセスの重要な役割であり，ヒトが扱う化学品の高度化に合わせて排水処理技術の進歩も求められている。

このようにバイオ生産物は社会のなかで広い産業分野で使用されていることがわかり，環境負荷が低い性質をもつことを考えると，生物化学工学によるモノづくりがさらに広まっていくことが予想される。

生物的な物質合成法の多様性を知るために，これらのバイオ生産物を価格で比べてみた（図 0.2）。百円以下/kg のバルク型商品から医薬として使われる化合物は数十万円/kg まで，コスト的にも非常に広範囲の物質を合成できるのは生物的手法の特徴である。

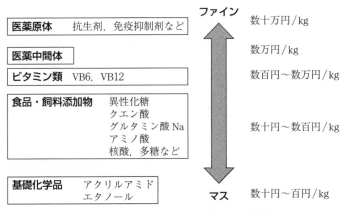

図 0.2　価格から見たバイオ製品の多様性

0.4　バイオ法アクリルアミドの生産

最後にバイオプロセスの実例の一つであるバイオ法アクリルアミドを紹介する。アクリルアミドは水処理凝集剤，紙力増強剤，石油回収剤などで需要が拡

大する汎用化学品である．銅触媒を利用する化学法に対し，1985年に日東化学工業（現，三菱ケミカル）がアクリルニトリルを酵素反応により水和しアクリルアミドを生産するバイオ法を工業化した（図0.3）。

図0.3 アクリルニトリルから
アクリルアミドへの反応

現在の工業化プロセスは京都大学が発見した*Rhodococcus rhodochrous* J1由来のニトリルヒドラターゼを用い，遺伝子組換え（セルフクローニング），酵素改良やプロセス改良により生産性は当初の数十倍に向上している。バイオ法は化学法と比べプロセスがシンプルであり，常温常圧の反応であるため投入エネルギーが少ないグリーンなプロセスである（図0.4）。世界のアクリルアミド生産は2010年には約60万トンであったが2015年には約100万トンと需要が拡大しており，バイオ法のシェアは70％に増加している。

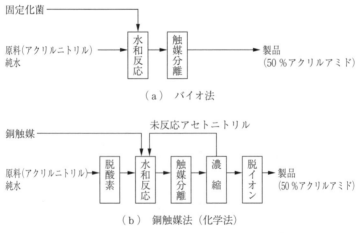

図0.4 アクリルアミド生産プロセスの比較[2)]

0.4 バイオ法アクリルアミドの生産　　9

コラム　**グリーンケミストリー**

　グリーンケミストリーは持続可能な開発を推進する考え方であり，化学製品の生産から廃棄までにおいて，環境に与える影響を最低限とする取組みが世界各国で進められている。米国では，環境省（EPA）が中心となりグリーンケミストリーの推進のために，1996年よりグリーン・ケミストリー・チャレンジ大統領賞（Presidential Green Chemistry Challenge Awards）が毎年発表され，環境への影響の少ない先駆的なプロセスや製品が表彰されている。**表**はこれまでの受賞の

表　グリーン・ケミストリー・チャレンジ大統領賞でのバイオプロセス

内　　容	技　術	会　　社	年
酵母によるナイロン原料の生産	発酵	Verdezyme	2016
藍藻による炭酸ガスからのエタノールなどの生産	発酵	Algerol Biotech	2015
藻類からのオイルの生産	発酵	Solazyme	2014
酵母によるディーゼルオイルやジェット燃料の生産	発酵	Amyris	2014
高脂血症治療薬の合成プロセス	酵素	Codexis	2012
バイオマスからの汎用化学品の生産	発酵	Genomatica	2011
バイオコハク酸の生産	発酵	BioAmber	2011
酵母による高級アルコールの生産技術	発酵	UCLA	2010
バイオマスからの高級エステルの生産	発酵	LS9	2010
糖尿病治療薬 Sitagliptin の生産プロセス	酵素	Merk and Codexis	2010
微生物による石化燃料や化学品の生産	発酵	REG Life Sciences	2010
二酸化炭素からの高級アルコールの生産	発酵	Easel Biotechnologies	2010
高脂血症治療薬の合成プロセス	酵素	Codexis	2006
バイオプラスチックの生産	発酵	Metabolix	2005
バイオサーファクタントの生産	発酵	Jeneil Biosurfactant Company	2004
トランス脂肪酸の低減プロセス	酵素	ADM and Novozymes	2004
Taxsol の生産プロセス	植物細胞	Bristol Myers Squibb	2004
酵素処理による紙のリサイクルプロセス	酵素	Buckman Laboratorise International	2004
ポリエステルの合成	酵素	Polytechnic University	2003
大腸菌によるポリマー原料 1,3-プロパンジオールの生産	発酵	DuPont	2003
ポリ乳酸の生産	発酵	NatureWorks	2002
綿の酵素処理	酵素	Novozymes	2001

10   0. 社会に役立つ生物化学工学

なかからバイオプロセスに関する案件をまとめた。2016年までに109の技術が
受賞しており，そのうち22件がバイオプロセスである。

-------------------------------- 演 習 問 題 --------------------------------

【0.1】 発酵と腐敗の違いを述べよ。
【0.2】 日本酒とワインの微生物の関与により，原料がアルコールに変換される過
程の違いを調べよ。
【0.3】 家庭用洗剤には衣類に付着した汚れを分解する酵素が入っている。下記の3
種類の酵素について，分解する汚れと酵素の作用を述べよ。
（a） リパーゼ 　　（b） プロテアーゼ 　　（c） アミラーゼ
【0.4】 バイオ医薬はおもに動物細胞を使って生産されている。バイオ医薬につい
て調べよ。
【0.5】 バイオエタノールと製造での技術的な課題を述べよ。

第1部：生命科学の基礎

1章 微生物学の基礎

◆ 本章のテーマ

　本章では微生物について解説する。微生物とは観察するために顕微鏡を必要とする小さな生物のことである。畑のように肥沃な土壌にはおびただしい種類と量の微生物が潜んでいる。畑や山林などの土壌だけでなく，湖沼や海洋をはじめとする水中にも微生物はひしめいている。動植物の体表や体内にも微生物は存在しているし，暗黒の深海や地底，炎天にさらされ塩が析出する塩水湖，煮えたぎる熱水が噴き出る熱水噴出孔，あるいは極寒の極地のような過酷な環境にすら微生物は巧妙に適応している。そして，微生物の働きによって物質は目まぐるしく変換されて循環し，地球環境は一定の状態に保たれている。一方で，微生物のなかにはほかの生物に寄生して害を及ぼすものもある。微生物の優れた能力を有効活用しつつ，その脅威に冷静かつ的確に対応するには，微生物を正しく理解する必要がある。

◆ 本章の構成（キーワード）

1.1　真核微生物と原核微生物
　　　真正細菌，古細菌，菌類，原生生物
1.2　栄養形式
　　　化学従属栄養，化学独立栄養，光独立栄養，光従属栄養
1.3　生育環境
　　　好気，嫌気，温度，pH，光，放射線，圧力
1.4　細菌の分類
　　　分類階級，二名法，分類指標，系統解析
1.5　培養
　　　滅菌，培地，純粋培養，混合培養，回分培養，連続培養

◆ 本章で知ってほしいこと（チェックポイント）

□　微生物は真核生物の一部と原核生物のすべてを網羅すること。
□　微生物は四つの栄養形式を網羅しさまざまな環境に適応していること。
□　微生物には有機物が存在せずとも生育し得るものがあること。
□　分類は分類指標の比較と遺伝子の塩基配列に基づいてなされること。
□　微生物による有用物質生産にはいくつかの形式があること。

1.1 真核微生物と原核微生物

生物は**真核生物**(eukaryote)と**原核生物**(prokaryote)に大別され,それらのうち肉眼で見ることができないものを**微生物**(microorganism, microbe)という(**図1.1**)。真核生物の染色体は膜で覆われた核とよばれる細胞小器官に内包されて存在しているのに対し,原核生物の染色体は膜に覆われない状態で細胞内に存在する。原核生物はすべて微生物(原核微生物)で,遺伝子や細胞膜などの特徴の違いから**真正細菌**(eubacteria)と**古細菌**(archaea)に分けられる。真正細菌には納豆菌や乳酸菌など身近な細菌や種々の病原性細菌も含まれている。古細菌も身近な環境に存在するものの真正細菌に比べれば圧倒的に少なく,酸素のない環境を好むメタン生成菌をはじめ,高温,高塩濃度,酸性などの極限環境を好むものが多い。古細菌の遺伝子は真正細菌と真核生物の特徴をあわせもちつつ独特の特徴も有していることから,古細菌は真正細菌とも真核生物とも異なる独立した存在と解釈されている。そして,生物は古細菌,真正細菌,真核生物の三つに大別できると考えられ,この考え方を**3ドメイン説**(3 domain theory)という。

動物や植物が属する真核生物ドメインにも微生物(真核微生物)が含まれており,**菌類**(fungi)と微小な**原生生物**(protista)がこれにあたる。一般的に

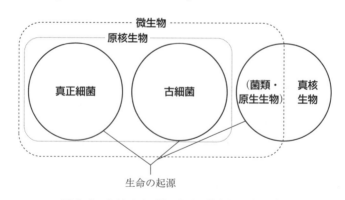

図1.1 3ドメイン説における微生物の位置づけ

は，かび，キノコ，酵母として知られる菌類は有機物を細胞外で分解してから吸収し，栄養源の枯渇や生育域の拡大のために安定性の高い胞子を形成するのが特徴である。単細胞のものを酵母，細胞が糸状に連結するものをかび（糸状菌），胞子形成の際に菌糸が集合して大きな子実体（胞子形成のための構造体）を形成するものをキノコとよぶ。しかし，これらは形態のみに着目した慣用的な大別に過ぎない。菌類では子嚢菌，担子菌，ツボカビなどが代表的分類群であるが，いまだ確固たる分類体系の構築には至ってない。原生生物は動物，植物，菌類以外の真核生物を指し，ミジンコやゾウリムシのように有機物を摂取するものや原始的な光合成真核生物であるミドリムシなどの微細藻類が含まれるが，菌類以上に多様でその分類体系は完全には確立していない。

1.2 栄 養 形 式

生物が生体の構成素材やエネルギー源として必要な物質を取り込む現象を**栄養**（nutrition）といい，取り込まれる物質を**栄養素**（nutrient）という。栄養素は無機物とほかの生物が生産した有機物に大別でき，無機物のみを栄養素として取り込むことを**独立栄養**（autotrophy），無機物と有機物の両方を取り込むことを**従属栄養**（heterotrophy）という。独立栄養における炭素源は二酸化炭素であり，独立栄養生物には二酸化炭素と水素を反応させて有機物を合成する**炭酸固定**（carbon dioxide fixation）という能力が備わっている。したがって，独立栄養生物は有機物を外部に依存することなく生育することができる。

上述のように，取り込む物質の違いから栄養は独立栄養と従属栄養の二つの形式に分けられるが，エネルギーを化学物質から獲得するか光から獲得するかよってそれぞれの栄養形式はさらに二つに細分化される。すなわち，生物は栄養形式によって，**化学従属栄養生物**（chemoheterotroph），**化学独立栄養生物**（chemoautotroph），**光独立栄養生物**（photoautotroph），**光従属栄養生物**（photoheterotroph）の四つに分けられる（**表 1.1**）。

化学従属栄養生物は動物のように有機物の摂取が不可欠な生物で，化学独立

14   1. 微生物学の基礎

表1.1 栄養形式の種類と特徴

栄養形式	エネルギー源	炭素源	ドメイン
化学従属栄養	有機物	有機物	真正細菌, 古細菌, 真核生物
化学独立栄養	無機物	二酸化炭素	真正細菌, 古細菌
光独立栄養	光	二酸化炭素	真正細菌, 真核生物
光従属栄養	光	有機物	真正細菌

栄養生物は有機物を必要とせず無機物から生体エネルギーを得るとともに炭酸固定を行うことによって自ら有機物を調達できる生物である。エネルギー源となる無機物としては H_2, Fe^{2+}, H_2S, NH_4^+ などがあり，それぞれ H_2O, Fe^{3+}, SO_4^{2-}, NO_3^- に酸化される際に生じるエネルギーが生体エネルギー（ATP）に変換される。光独立栄養生物は植物がそうであるように無機物のみを取り込み，光エネルギーでATPを合成するとともに光エネルギーで炭酸固定を行う。光従属栄養生物は光エネルギーをATP合成に用いるのみで炭酸固定には用いず，生体材料としての有機物の取り込みを行う。真正細菌にはすべての栄養形式が見い出されるが，真核生物には化学従属栄養と光独立栄養のみ，古細菌には化学従属栄養と化学独立栄養のみがそれぞれ見い出されている。ただし，古細菌特有の光エネルギー変換（ロドプシンによるATP合成）を光合成に含めることもある。

1.3 生 育 環 境

　微生物の生育は周囲の物理的および化学的環境要因に著しく影響され，微生物ごとに生育に適した環境条件は異なる。おもな環境因子としては，温度，水分量，酸素濃度，pH，塩濃度，光がある。

1.3.1 温　　　　度

それぞれの微生物には生育に適した温度範囲があり，最も適した温度を至適温度という。大まかに分けるとすれば，15℃以下を至適温度とするものは**好**

冷菌 （psychrophile），至適温度が 45 ℃以上のものは**好熱菌** （thermophile），どちらにも属さないものは**中温菌** （mesophile） である。身近に存在するのは中温菌であり，例えば腸内細菌である大腸菌の至適温度は人の体温に近い 37 ℃である。

1.3.2 水　分　量

　水は微生物に限らずすべての生物にとって欠かせない物質であり，水分量（乾燥状態）は特に固体表面での微生物の生存に多大な影響を及ぼす。梅雨時にかび（糸状菌）が繁殖しやすいのは水分量の上昇によるものである。水分の多い食品ほど微生物の繁殖によって腐敗しやすい傾向があり，食品の保存性を高める方法の一つは乾燥させることである。食品の腐敗をもたらす代表的な微生物群である細菌，酵母，糸状菌を比較した場合，乾燥に最も適応しているのは糸状菌で，逆に最も水分を必要とするのは細菌である。

1.3.3 酸　素　濃　度

　酸素に富む環境を好むことを**好気** （aerobic） といい，酸素がほとんどない環境を好むことを**嫌気** （anaerobic） という。アルコール酵母のように嫌気環境でも生育できるもの例外的にあるとはいえ，動物や植物をはじめ多くの真核生物は好気環境でしか生育できない。これに対し，真正細菌や古細菌には酸素を好まない嫌気性の微生物も多く存在する。酸素はシアノバクテリアという好気性の光合成細菌がつくり出したと考えられているが，シアノバクテリアの祖先は酸素を生じない嫌気性の光合成細菌である。酸素は活性酸素などの有害な化学種に変化するため，**好気性菌** （aerobic bacteria） には解毒機構が備わっている。**嫌気性菌** （anaerobic bacteria） は酸素を利用する機能がないばかりか解毒機構もないので酸素存在下では生育できない。アルコール酵母や大腸菌のように好気下でも嫌気下でも生育可能なものは**通性嫌気性菌** （facultative anaerobic bacteria） とよばれ，好気性菌ながらやや低い酸素濃度を好むものを**微好気性菌** （microaerophilic bacteria） とよぶ。乳酸菌は酸素を利用できない

16   1. 微生物学の基礎

が解毒機構は備わっていて空気耐性（耐酸素性）があるため，好気下でも死滅せず単に増殖がやや阻害される通性嫌気性菌である。

1.3.4 pH

水素イオン濃度（pH）は微生物の増殖に著しく影響する。身近な環境は全体としてみれば中性であり，環境中では中性環境を好む微生物が主体である。しかし，身近な環境中にも酸性やアルカリ性の微小環境は存在するはずで，頻度は低いながら酸性やアルカリ性を好む微生物は検出される。代表的な**好酸性菌**（acidophilic bacteria）としては Fe^{2+} を Fe^{3+} に酸化することによって独立栄養を行う鉄酸化細菌（アシディチオバチルス）が挙げられ，pH3 前後を好む。**好アルカリ菌**（alkaliphilc bacteria）は pH9 以上を好み，分泌される加水分解酵素はアルカリ性下で安定かつ高い活性を発揮するので洗剤に配合されている。

1.3.5 塩濃度，光，放射線，圧力

多くの微生物（非好塩菌）は食塩濃度 2 ％（20 g／L）以下が生育に適している。**好塩菌**（halophilic bacteria）は 2 ％よりも高い食塩濃度を好み，そのなかでも 20 ～ 30 ％を好むものを**高度好塩菌**（extreme halophilic bacteria）とよび，これに該当する大半の微生物は古細菌に属する。可視光線は光合成色素としてクロロフィルをもつシアノバクテリアに不可欠であり，近赤外線を吸収するバクテリオクロロフィルをもつ嫌気性の光合成細菌の光合成には近赤外光が必須である。当然ながら光合成細菌以外は光に依存しない。一方，紫外線には殺菌性があり，これは核酸の損傷をもたらすためと考えられている。紫外線同様，放射線も核酸損傷をもたらす。**放射線耐性菌**（radiation resistant bacteria）は通常の微生物の百倍ほどの放射線量にも耐えることが知られている。紫外線および放射線耐性は強力な DNA 修復能力によると考えられている。圧力，すなわち水圧も微生物の増殖に影響を及ぼし，一般的な微生物は水圧の上昇に伴って生育が阻害され，水深 3 000 m に相当する圧力では死滅ないしなんらかの障

1.4 細菌の分類　　17

害が起こるとされている。これに対し深海に生息する**好圧性細菌**（pieziophilic bacteria）は高圧を好み，逆に常圧で死滅するものすらある。

1.4　細　菌　の　分　類

1.4.1　分　類　体　系

　人でいえば個人に相当する分類学的概念が**株**（strain）である。きわめて類似していて見分けにくい株の集合が分類の最小単位，**種**（species）である。類似の種をまとめて**属**（genus）とし，さらに**科**（family），**目**（order），**綱**（class），**門**（phylum）へと階層的に統合されて**ドメイン**（domain）に至り体系化される。それぞれの階層を**分類階級**（taxonomic rank）という。分類階級が下がるにつれ種類は膨大となる。種には正式名称である**学名**（scientific name）が与えられ，属を表す名詞と種を表す形容語の二つからなり，これを**二名法**（binominal nomenclature）という。株名を示したい場合には，それを種形容語に続いて付記する。例えば，遺伝子操作に多用される大腸菌 K-12 株を正しく表記すれば，*Escherichia coli* K-12 となり，略す場合は *E. coli* K-12 である。このように学名は斜体で表記する。大腸菌は腸内細菌科に属し，その分類系列を記すと**表 1.2** のようになる。表には大腸菌と同じく身近な細菌である枯草菌（*Bacillus subtilis*，いくつかの株は納豆製造に適した納豆菌である）も比較のために記してある。両者はドメインに次いで高い分類階級である門のレベルで異なるほど分類学的に隔たった細菌であることがわかる。

表 1.2　大腸菌と枯草菌の属する分類群の比較

門	綱	目	科	属	種
Proteobacteria	γ-Proteobacteria	Enterobacterales	Enterobacteriaceae（腸内細菌科）	Enterobacterales	*Escherichia coli*
Firmicutes	Bacilli	Bacillales	Bacillaceae（バチルス科）	Bacillus	*Bacillus subtilis*

1.4.2 分類指標

それぞれの**分類群**（taxon）を定義する際の指標となる生物の特徴を**分類指標**（classification index）という。分類指標は多岐にわたり，同じ微生物でも例えば細菌と菌類ではかなり異なる。ここでは化学従属栄養細菌を例として代表的な分類指標の概要を記す。分類指標としては，顕微鏡観察で識別できる形態学的特徴，生理・生態学的特徴，細胞構成成分に着目した化学的特徴などが伝統的に用いられてきた。現在では，遺伝子の塩基配列の解析で類縁関係を明らかにする**系統分類**（phylogenetic systematics）もあわせて行われる。

1.4.3 形態学的分類指標

固体培地上に形成される微生物の**集落**（コロニー，colony）の色，透明度，光沢の有無，大きさ，形などは肉眼で確認できる形態学的指標である。また，細胞の形状と大きさは顕微鏡観察による細菌の特徴づけの基本である。細菌細胞の大きさは0.数 μmから数 μmで，おもな形状は**図1.2**に示すとおりである。

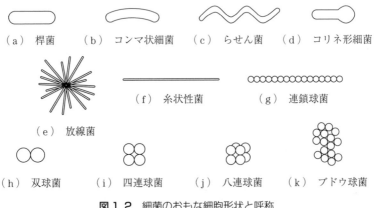

図1.2 細菌のおもな細胞形状と呼称

大腸菌と枯草菌は細長い細胞をもつ**桿菌**（かん）（bacilli）である。コレラ菌も桿状だがやや湾曲しているためコンマ状細菌（コンマ状桿菌）とよばれる。さらに長い湾曲細胞をもつのがらせん菌でスピロヘータが代表的である。桿状の細胞の一端が膨らんだコリネ形細菌としてはアミノ酸発酵に用いられるコリネバク

テリウムがよく知られている。排水路などでミズワタを形成するスフェロチルスは身近な糸状性菌である。球形の細胞をもつ**球菌**（coccus）のほとんどは複数の細胞が連結しており，動物性乳酸菌のラクトコッカスは双球菌の形態をとることが多く，植物性乳酸菌のペディオコッカスは四連球菌（tetracoccus）の典型例である。動物性乳酸菌で齲蝕原性細菌（虫歯菌）も含まれるストレプトコッカスは代表的な連鎖球菌（chain coccus）である。不規則な集合体を成す球菌をブドウ球菌とよび，表皮常在菌のスタフィロコッカスが該当する。土壌細菌のストレプトマイセスに代表される放射状糸状菌体を形成するのが放線菌である。このほか，枯草菌などのように胞子（休眠細胞）を形成する細菌の場合には，胞子の形状や胞子を内包する細胞（胞子嚢）の形状も分類における形態学的指標となる。鞭毛を有する細菌では，鞭毛が局所的に存在するのかあるいは細胞全体に配されている（大腸菌が該当する）のか，さらに本数も特徴づけに用いられる。

　細胞壁の構造は重要な分類指標であり，真正細菌には2種類の細胞壁に大別できる。それらの構造はグラム染色という方法で**グラム陽性**（Gram positive）と**グラム陰性**（Gram negative）に簡易的に識別できる（**図1.3**）。真正細菌の細胞壁には**ペプチドグリカン**（peptidoglycan）という多糖・ペプチド複合体が含まれており，これが層をなして機械的強度をもたらし，細胞（菌体）特有の形状が維持される。グラム陽性細菌のペプチドグリカン層は20〜80 nmの厚さであるのに対し，グラム陰性細菌のペプチドグリカン層の厚さは10 nm

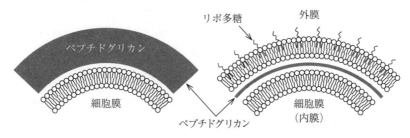

図1.3 グラム陽性細菌とグラム陰性細菌の細胞壁表層構造の模式図

20   1. 微生物学の基礎

に達しない。これを補うようにグラム陰性細菌のペプチドグリカン層の外側には外膜とよばれる脂質二重層が配されている。外膜には多糖を有する特殊な膜脂質（リポ多糖，LPS）が含まれている。例えば，乳酸菌や枯草菌はグラム陽性細菌で大腸菌はグラム陰性細菌である。古細菌の細胞壁にもペプチドグリカンに類似した複合高分子が含まれており，これはシュードペプチドグリカンとよばれる。

1.4.4　生理・生態学的分類指標

　好気，嫌気，通性嫌気などの酸素に対する態度は細菌の重要な分類指標である。また，炭素源や窒素源として利用できる化合物の種類も指標となる。嫌気下で種々の糖質を与え，酸生成有無を調べる方法もある。同じく嫌気下において糖質から気体を生じるか否かも重要な情報となる。生育に及ぼす温度とpHの影響は欠くべからざる情報である。胞子形成能をもつか否かや，鞭毛などによる運動性の有無は顕微鏡観察によって得られる指標である。タンパク分解酵素，多糖分解酵素，核酸分解酵素などを分泌するか，また呼吸に関わる酸化還元酵素を有するかなどの各種酵素活性試験も分類指標として汎用されている。

1.4.5　化学的分類指標

　細胞の構成成分に着目した分類指標としては，細胞膜に含まれる**脂肪酸**（fatty acids）の組成比較がよく用いられる。同じく細胞膜に存在する成分で分類に用いられるのが呼吸に関与する**キノン**（quinone）という脂質の同定である。呼吸鎖キノンはメナキノンとユビキノンに大別され，さらにそれぞれには主として炭素鎖の長さの違いによる多様性があり，分類の指標として適当である。DNAを化学分類指標とする方法としては，細胞から抽出したDNAに含まれる有機塩基のうちグアニンとシトシンの割合の合計（**GC含量**，GC content）を求める方法がある。特に類縁性の高い細菌を識別する場合には両者のDNAを交雑し，その度合い（類縁性が高いほど交雑の度合いは高い）を測る。これの方法をDNA-DNAハイブリダイゼーションという。

1.4.6 系統分類

系統解析（phylogenetic analysis）とは，特定の遺伝子の塩基配列の類似性に基づいてその遺伝子の進化の道筋を推定し類縁関係を数値化する手法であり，この手法による分類が**系統分類**（phylogenetic systematics）である．塩基配列解読技術の発展とともに定着した分類手法で，未知の細菌の種の同定を行う場合，現在では系統分類で類縁種を絞り込んでから種々の分類指標を調べて確認するという手順が一般化している．系統分類で用いられる遺伝子としては，原核生物では **16S リボソーマル RNA 遺伝子**（16S rDNA），真核生物では **18S リボソーマル RNA 遺伝子**（18S rDNA）がそれぞれ特に多様されるが，ジャイレース遺伝子やシャペロン遺伝子もしばしば用いられる．**図 1.4**に示すように，系統分類では系統樹として類縁関係を視覚的に表現することができる．現在の分類は，分類指標に基づく従来の分類手法と指標遺伝子に基づく系統分類の両方を加味して行われている．

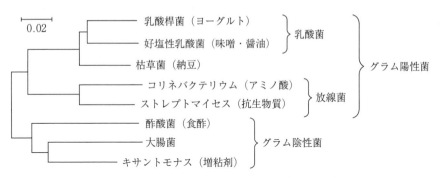

基準の長さ（0.02）は 100 塩基あたりの 2 塩基の置換頻度を示している．またカッコ内には各細菌による代表的な発酵産物を記してある．

図 1.4　身近な細菌の 16S リボソーマル RNA 遺伝子に基づく系統樹

1.5 培 養

1.5.1 培 地

微生物を人為的に育てることを**培養**（cultivation）という。微生物の生育に必要な栄養素を配合した液体ないしこれに寒天などのゲル化剤を添加した固体を**培地**（medium）といい，これに微生物を接種（**植菌**，inoculation）して生育に適した状態に維持することで培養を行う。接種に先立っては，培地と用いる容器や器具を**オートクレーブ**（高圧蒸気滅菌，autoclave），**乾熱滅菌**（heat sterilization）ないし**ろ過除菌**（sterile filtration）で無菌状態にしなくてはならない。さらに，操作もクリーンベンチを用いるなどして無菌的に行う必要がある。接種後は容器に栓や蓋を施して培養するが，通気が必要な場合にはほかの微生物の侵入を防ぎつつ通気が確保できるような栓を施すか蓋を被せるのみで密閉しないようにする。このように特定の微生物のみを培養することを**純粋培養**（pure culture）という。これに対し，同一系内で複数の微生物を培養することを**混合培養**（mixed culture）とよび，例えば味噌や醤油などの伝統的発酵食品の製造がこれにあたる。培地には炭素源，窒素源およびミネラルを配合する。純粋な化合物だけでなく，パン酵母抽出物やタンパク質分解物などの天然物質も添加した複合培地が一般的である。

1.5.2 培 養 形 式

液体培地を用いた培養を**液体培養**（liquid culture），固体培地を用いた培養を**固体培養**（solid culture）という。液体培養は有用物質を生産する際におもに用いられる方法であり，固体培養は菌株の短期保存や雑菌汚染の有無の簡易確認のために行うことが多い。液体培養後の培地が培養液であり，これから発酵産物を回収する。菌株の長期保存には凍結乾燥法が望ましいが，凍結保存法も可能である。低めの温度で固体培養し定期的に植え継ぐ方法が継代培養法である。

液体培養は培地供給と培養液回収の方式の違いによって**回分培養**（batch culture），**流加培養**（fed batch culture），**連続培養**（continuous culture）に大別できる（図1.5）。回分培養は培養開始から完了まで培地や培養液の出し入れをしない最も簡便な方法である。流加培養（半回分培養）は栄養素を補うために培養途中で培地を添加する方式であり，多大な設備や手間を要せずして一回の培養あたりの収量を増やすことができる。連続培養は培地を少しずつ連続的に供給する一方で培養液を引き抜くことによって培養槽内の状態を一定に保つ方法である。連続培養には有用物質を生産し続けることができるという利点があるものの，菌体濃度を高い状態で維持するのが難しく高濃度の産物が得難いことや，雑菌汚染の危険性が高く純粋培養が難しいこと，複雑な設備が必要などの難点もある。連続培養は排水処理プロセスでの運用が圧倒的に多いのが現状である。排水処理では自然発生した微生物の混合培養系を用いるので雑菌汚染の懸念がないうえに連続的な処理が求められることから連続培養が適している。一方，生産プロセスでは運用が容易な回分培養と流加培養が主流である。

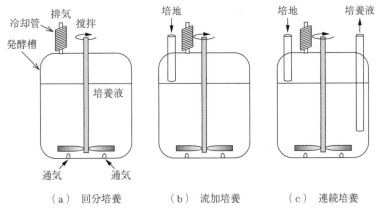

（a）回分培養　　（b）流加培養　　（c）連続培養
図1.5 液体培養の代表的形式の模式図

コラム　微生物との同居の心得

人は微生物の恩恵に浴しつつその脅威に怯える。有用物質を生産したり不快物質や有害物質を除去したりといった微生物の好ましい作用を発酵という。これとは逆

24   1. 微生物学の基礎

に微生物が不快物質や有害物質を生じる作用を腐敗という。生鮮食品の腐敗にはだれしも気を使う。ところが，浴室や空調機での微生物の発生はなかば常態化していながら見て見ぬふりをしがちである。健康のため，これらの密やかな腐敗に勇気をもって立ち向かおう。肝要なのは発生源における水分の制御である。浴室は塩素系漂白剤で隅々まで掃除して正常な状態を取り戻すことが前提である。その後は毎日の使用後に浴室の壁と床の水分をざっと拭き取り，水が溜まりやすい隅や水栓などにはエタノールが主体の家庭用除菌剤を噴霧する。熱湯をかけてもよい。その後，少なくとも一晩は換気扇を作動させて浴室を乾燥させる。空調機については，まず専門業者による清掃をお勧めする。もちろん新品なら清掃不要である。空調機における微生物の増殖抑制はさほど難しくなく，冷房ないしドライ運転の後，ただちに送風運転に切り替えて少なくとも2時間作動させるだけでよい。乾燥運転を自動的に行う機能が備わっている機種もある。なお，暖房運転の際には追加の送風運転は要らない。無菌状態で生活することができない以上，われわれは微生物を理解し上手につき合うべきである。

━━━━━━━━ 演 習 問 題 ━━━━━━━━

【1.1】 大腸菌，納豆菌，アルコール酵母，メタン生成菌は，それぞれどのドメインに属するか答えよ。

【1.2】 独立栄養生物のエネルギー源は2種類に大別でき，炭素源は1種類である。該当するエネルギー源と炭素源を答えよ。

【1.3】 光合成生物の属するドメインを列挙せよ。

【1.4】 極端な環境を好む微生物が産生する酵素には有用なものがある。応用の例を挙げよ。

【1.5】 リゾチームはペプチドグリカンを分解する抗菌酵素である。細胞壁構造を考慮すると，グラム陽性細菌とグラム陰性細菌のどちらがリゾチームに対する感受性が高いと考えられるか。

【1.6】 系統分類が主として16SリボソーマルRNA遺伝子や18SリボソーマルRNA遺伝子の塩基配列に基づいて行われる理由を考察せよ。

【1.7】 枯草菌に対して系統分類学的により近縁なのは，放線菌と乳酸菌のどちらであるか答えよ。

【1.8】 加熱に耐えない成分を配合した液体培地を無菌化する方法を考えよ。

2章 生化学の基礎

◆本章のテーマ

　本章では生物を形づくるとともにさまざまな機能を有する物質，すなわち生体物質について概説する。多種多様な生体物質を網羅することはできないので，本章ではおもな生体物質（タンパク質，脂質，糖質，核酸）に焦点を絞る。構造形成と生体触媒として重要なのがタンパク質であり，生体エネルギーの貯蔵や生体膜の形成に欠かせないのが脂質であり，構造形成と生体エネルギーの貯蔵に関与するのが糖質で，遺伝因子としてだけではなく生体エネルギーのやり取りにおいて重要な役割を担うのが核酸系生体物質である。生体は物質のみで成立するわけではなく，エネルギーの獲得も不可欠である。おもなエネルギー獲得の方式としては，発酵，呼吸，光合成が挙げられる。主要な生体物質と代謝の根幹であるエネルギー獲得系に関する知識があれば，生物を物質と反応の両面から包括的に理解することができる。

◆本章の構成（キーワード）

2.1　生体物質の構造と性質
　　　タンパク質，α-アミノ酸，ペプチド結合，立体構造，脂質，脂肪酸，トリアシルグリセロール，リン脂質，糖質，単糖，グリコシド結合，核酸，ヌクレオシド，ヌクレオチド，リン酸ジエステル結合，水素結合

2.2　代表的な代謝経路
　　　エネルギー代謝，発酵，解糖系，基質レベルのリン酸化，呼吸，化学浸透共役，酸化的リン酸化，酸素呼吸，クエン酸回路，β-酸化系，嫌気呼吸，無機呼吸，光合成，酸素発生型光合成，酸素非発生型光合成

◆本章で知ってほしいこと（チェックポイント）

□　生体物質は無機物と有機物に大別できること。
□　生体物質にはそれぞれ定義と基本的化学構造があること。
□　生体物質の化学構造が生理的機能をもたらすこと。
□　エネルギー代謝系とこれと関連する栄養形式は多様であること。
□　エネルギー代謝系は発酵，呼吸，光合成の三つに大別できること。
□　発酵は酵素反応に直結した生体エネルギーの獲得法であること。
□　呼吸と光合成によるエネルギー獲得には電子伝達系が関与すること。

2.1 生体物質の構造と性質

2.1.1 生体物質

生物に含まれるおもな元素としては,炭素,窒素,酸素,水素,リン,カリウム,カルシウム,硫黄,塩素,ナトリウム,マグネシウムなどがあり,これらは有機化合物あるいは無機化合物として生体を形づくるとともにさまざまな機能を発揮する。生体に存在する機能性有機物は,タンパク質,脂質,糖質,核酸などに大別される。タンパク質は構造形成,貯蔵,輸送,触媒,情報伝達など,脂質は構造(膜)形成,貯蔵,情報伝達など,糖質は構造形成,貯蔵,情報伝達など,核酸(ヌクレオチド)は遺伝情報や補酵素などの役割をそれぞれおもに担っている。

2.1.2 タンパク質

タンパク質(protein)は20種の**α-アミノ酸**(α-amino acid)(α炭素は不斉炭素でL体の配置だが,側鎖がHのグリシンには光学異性体が存在せず,厳密にはプロリンはイミノ酸である)のα位のアミノ基とカルボキシ基間の脱水縮合(**ペプチド結合**,peptide bond)によって生じる重合体である(**図2.1**)。

厳格な定義はないが重合度が低いものは**ペプチド**(peptide)とよばれ,高いものがタンパク質とよばれる傾向があり,その境界はおよそ90アミノ酸残

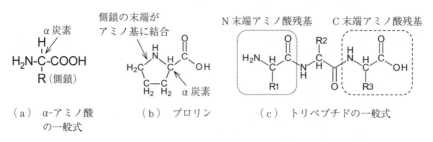

図2.1 アミノ酸とペプチドの構造

基である。定義が明確ではないので，タンパク質をポリペプチドと表現しても間違いではない。タンパク質の両端にあるアミノ酸残基のアミノ基ないしカルボキシ基はペプチド結合に関与していないため，それぞれの末端をアミノ末端（N末端），カルボキシ末端（C末端）とよんで区別する。アミノ酸は側鎖（図2.1）の構造によって，酸性アミノ酸，塩基性アミノ酸，疎水性アミノ酸，親水性アミノ酸に分類される。この多様性ゆえに，アミノ酸配列（**一次構造**，primary structure）に応じて分子内にさまざまな相互作用や結合が生じ，タンパク質には固有の立体構造（**三次構造**，tertiary structure）がもたらされる（**図2.2**）。タンパク質にはらせん状のαヘリックス構造，直鎖部分が平行ないし逆平行に並んだβシート構造，さらにそれらの規則的構造の間の比較的不規則な部分であるループ構造が部分的に見い出される。これらの部分構造を**二次構造**（secondary structure）という。複数のポリペプチドが会合して形成されるタンパク質もあり，会合体全体としての立体構造を**四次構造**（quaternary structure）という。四次構造をもつタンパク質を構成する各ポリペプチドを**サブユニット**（subunit）とよぶ。

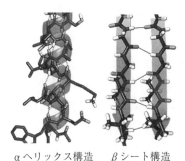
αヘリックス構造　βシート構造
（a）典型的な二次構造

（b）リゾチームの三次構造

図2.2　タンパク質の立体構造

酵素（enzyme）や抗体（antibody）などの機能性タンパク質のほとんどは折りたたまれた緻密な立体構造をなしている。このような立体構造を有するタンパク質を球状タンパク質と総称する。これに対し，コラーゲンやケラチンな

28 2. 生 化 学 の 基 礎

どの構造タンパク質は直鎖状の分子構造を有していることから繊維状タンパク質とよばれる。繊維状タンパク質は分子全体で隣の分子と相互作用および結合することによって強靭な構造体をなす。タンパク質分子固有の立体構造はアミノ酸残基間の水素結合，静電的相互作用，疎水性相互作用とシステイン残基間のジスルフィド結合によってもたらされる。これらの相互作用および結合はいずれも可逆的であり，タンパク質の立体構造は無機イオン，pH，ジスルフィド結合還元剤，有機溶媒，界面活性剤などの化学的要因や温度や撹拌などの物理的要因で容易く変化する。タンパク質が不可逆的な立体構造変化をきたして本来の性質を失うことを**変性**（denaturation）という。

アミノ酸のみから構成されるタンパク質を**単純タンパク質**（simple protein）といい，アミノ酸に加えて糖質，脂質，金属などを構成成分として含むタンパク質を**複合タンパク質**（complex protein）とよぶ。糖質や脂質は共有結合によって強固にペプチドに結合しており，糖質（糖鎖）をもつものが糖タンパク質，脂質と結合しているものが脂質結合タンパク質である。金属は配位結合によってタンパク質に保持されて金属タンパク質となる。金属タンパク質のうち，ヘモグロビンやシトクロムのように，金属が環状の有機分子（ポルフィリン）と錯体（ヘム）を形成した状態で保持されているものは特にヘムタンパク質とよばれる。金属タンパク質は運搬や酸化還元反応に関わり，金属は機能を発揮するために不可欠な補因子である。同じ補因子でも有機化合物の場合には補酵素とよばれる。補酵素には NADH のように反応時に一時的に会合するものと，FAD のように酵素本体のポリペプチドと共有結合しているものがある。結合型の補酵素は補欠分子族ともよばれる。

2.1.3 脂　　　質

脂質（lipid）は水に不溶で有機溶媒に可溶な生体物質である。厳密な定義ではなく，分子内に炭化水素鎖があれば脂質とみなす場合もある。エネルギーの貯蔵を担う脂質を貯蔵脂質とよび，生体膜の形成に関わる脂質を構造脂質とよぶ。さらに，ホルモン，細胞内伝達物質，色素，電子伝達体，あるいは酵素反

応の補因子（補酵素）などとして働く脂質を機能性脂質とよぶ。最も一般的な貯蔵脂質はトリアシルグリセロール（グリセロールの三つのヒドロキシ基に脂肪酸がエステル結合したもの）であり，加水分解されると**脂肪酸**（fatty acid）とグリセロールが生じる。脂肪酸も炭素数が多く水に不溶であれば脂質の範疇に入る。もう一つの構成成分であるグリセロールは遊離の状態では水溶性なので，当然ながら脂質ではない。

脂肪酸は有機酸の一種で炭化水素鎖を有するカルボン酸である（**図2.3**）。天然の脂肪酸の炭素数の範囲は4〜36でほとんどが偶数である。炭素数16〜20の脂肪酸は特に普遍的に存在する。炭素数の少ない脂肪酸には二重結合をもたない**飽和脂肪酸**（saturated fatty acid）が多く，炭素数16以上では二重結合を有する**不飽和脂肪酸**（unsaturated fatty acid）も多い。不飽和脂肪酸の二重結合はシス型配置で，分子は折れ曲がった立体構造となる。折れ曲がりの少ないトランス配置の不飽和脂肪酸は心臓病との因果関係が指摘されており，牛乳，牛肉，マーガリンなどに少量ながら含まれている。脂肪酸は炭素数が少ないほど融点が低く，同じ炭素数の脂肪酸であれば二重結合の数が多いほど融点が低い。トリアシルグリセロールの融点は含まれる脂肪酸に依存するため同じ傾向がある。例えば，炭素数18の飽和脂肪酸であるステアリン酸からなるトリアシルグリセロールを主成分とする牛脂は常温で固体であり，炭素数16〜

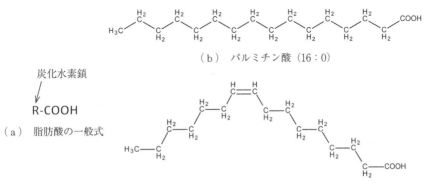

図2.3 脂肪酸の化学構造

18の不飽和脂肪酸からなるトリアシルグリセロールが主成分であるオリーブ油は常温で液体である。

二重層を形成することによって生体膜をなす構造脂質（膜脂質）にも脂肪酸が含まれており（**図2.4**），生体膜の流動性は脂肪酸組成の影響を受ける。ほぼ分子全体が疎水性の貯蔵脂質とは異なり，構造脂質分子には親水性の領域があるのが特徴で，二重層においては親水部が外側に配向して膜をなす。膜脂質は親水部にリン酸基を含むもの（**リン脂質**, phospholipid）と糖質を含むもの（**糖脂質**, glycolipid）に大別される。さらにそれぞれの膜脂質はグリセロールを骨格とするものとするスフィンゴシンを骨格とするものに分けられる。最も普遍的に存在する膜脂質はグリセロールを骨格とするリン脂質（グリセロリン脂質）で，とりわけ多いのが親水部にコリンを有するフォスファチジルコリンである。これはレシチンともよばれ，チョコレートなど脂質に富む菓子類に乳化剤として用いられる。膜脂質にはホルモンの刺激を受けて活性化する特異的分解酵素で分解されるものがある。生じた分解物は細胞内に放たれてホルモンの刺激を細胞内に伝える役割を果たす。また，スフィンゴシンを骨格とする糖脂質（スフィンゴ糖脂質）のなかにはABO式血液型（糖部分の構造の違いによる）の因子がある。リン脂質と糖脂質以外にもステロイド骨格をもった**ステロール**（sterol）類が代表的膜脂質として知られている。ステロイド骨格をもつほかの生体物質としてはステロイド系ホルモンや胆汁に含まれる乳化剤

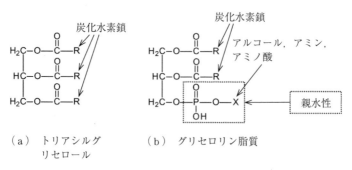

図2.4 トリアシルグリセロールとグリセロリン脂質の化学構造

（コール酸など）がある．このように，膜脂質は生体膜の形成に不可欠だけでなく，情報伝達や脂質系生理活性物質の供給などにも関与している．

2.1.4 糖　　質

糖質（carbohydrate）とはアルデヒド基ないしケトン基を一つと複数のヒドロキシ基を有する水溶性の炭化水素系化合物であり，炭水化物や糖類（saccharide, sugar）ともよばれる．タンパク質が構成単位であるアミノ酸の重合によって生じるのに対し，糖質の場合は重合してもしなくても糖質である．

糖質の最小単位は単糖（monosaccharide）であり，これが連結して重合度に応じて少糖（oligosaccharide），多糖（polysaccharide）と区別される．タンパク質をもたらす結合がアミノ基とカルボキシ基の単なる脱水縮合であるペプチド結合なのに対し，糖質の重合は構成単糖分子内の環状構造形成を伴う特殊な結合（**グリコシド結合**，glycosidic linkage）である．天然の単糖の炭素数は3〜7（三単糖〜七単糖）であり，それぞれアルデヒド基を有するアルドースとケトン基を有するケトースに分けられる（**図2.5**）．

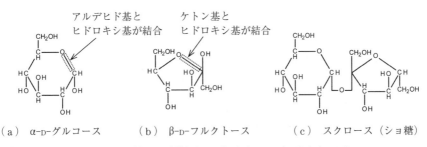

図2.5 アルドース（グルコース），ケトース（フルクトース）および二糖（スクロース）の化学構造

三単糖ケトースであるジヒドロキシアセトンを除くすべての単糖は複数の不斉炭素原子をもつ．そして，そのような単糖についてはカルボニル基から最も遠い不斉中心（キラル中心）の立体配座によってD体とL体に分けられる．さらに，5個以上の炭素原子からなる単糖ではヒドロキシ基がカルボニル基（C＝O）に可逆的に結合することによって環状構造を形成する．図2.5に示す

32　2. 生 化 学 の 基 礎

ように，環構造には五角形（五員環）と六角形（六員環）があって，それぞれ
の単糖をフラノースおよびピラノースという。環構造を形成したとき，カルボ
ニル炭素だった炭素は不斉化する（アノマー炭素になる）ので，各環構造には
立体構造の異なる二種類の異性体が生じる。これらの異性体をアノマー
（anomer）とよび，α アノマーと β アノマーとして区別する。前述のように環
構造をもたらす結合は可逆的なので，水溶液中では α アノマーと β アノマー
は動的平衡状態にある。代表的な六単糖であるグルコースはほぼ D 体のみで，
安定なのは六員環である。つまり，おなじみのグルコースを系統名で記述する
と $\alpha\text{-}_\text{D}\text{-}$グルコピラノースないし $\beta\text{-}_\text{D}\text{-}$グルコピラノースとなる。

　アルデヒド基は酸化によってたやすくカルボキシ基になるため，アルドース
とケトン基の隣にヒドロキシメチル基をもつケトース（H の交換によりアルデ
ヒド基が生じる）は弱い還元力を示す。単糖がアノマー位でほかの分子と脱水
縮合することによって形成される結合をグリコシド結合という。α か β のどち
らかのアノマー構造のままで結合するので，グリコシド結合にはおのずと α
結合と β 結合が生じる。さらに，糖残基の結合位置と組み合わせて $\alpha\text{-}1{,}4$ 結合
などと表す。結合する側の残基は結合での還元力を失うので，非還元末端残基
とよばれる。一方，結合される側の糖残基（還元末端残基）は結合後も還元力
を有する。α 結合と β 結合の違いの甚だしさは，$\alpha\text{-}1{,}4$ 結合によるアミロース
（amylose）と $\beta\text{-}1{,}4$ 結合によるセルロース（cellulose）の性質の違いによって
理解できる（**図2.6**）。アミロース分子はらせん状構造を形成し水に溶けやす
い。対照的にセルロースは直線状分子であり，分子間の強い相互作用によって
強固な構造体となる。アミロースを分解するアミラーゼ（amylase）はセル
ロースには作用しないし，セルロースを分解するセルラーゼ（cellulase）はア
ミロースには作用しない。機能の面では，アミロースが植物の貯蔵物質（貯蔵
多糖）であるのに対して，セルロースは植物や菌類の細胞壁形成に関わる構造
多糖である。

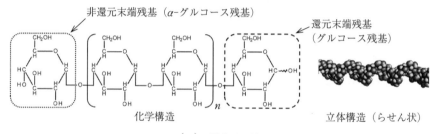

(a) アミロース

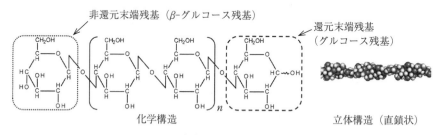

(b) セルロース

図2.6 多糖の構造

2.1.5 核　　　酸

核酸（nucleic acid）は有機塩基の配糖体がリン酸化された化合物（**ヌクレオチド**, nucleotide）の重合体（**ポリヌクレオチド**, polynucleotide）で，リボ核酸（RNA）とデオキシリボ核酸（DNA）に大別される。配糖体（glycoside）とは糖分子が糖質以外の分子とグリコシド結合することによって生じる化合物である。

図2.7に示すように，核酸の配糖体部分はヌクレオシドとよばれ，五単糖のリボースないし，その2位が脱酸素化された2-デオキシリボースがβ-アノマーの状態で有機塩基のアミノ基と結合した分子である。リボースを含むヌクレオシドをリボヌクレオシド，2-デオキシリボースを含むものをデオキシリボヌクレオシドとよぶ。核酸を構成する有機塩基は核酸塩基とよばれ，リボヌクレオシドにはアデニン，グアニン，シトシン，ウラシルの4種があり，デオキシリボヌクレオシドの塩基も4種ながらウラシルの代わりとして類似構造をもつチミン（5位の水素がメチル基に置換されている以外は同じ）が含まれる。

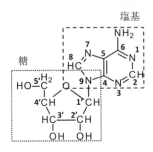

(a) ヌクレオシド　　　　　　(b) ヌクレオチド

図2.7 ヌクレオシド（アデノシン）とヌクレオチド（アデニル酸）の化学構造

ヌクレオシドの5'位のヒドロキシ基にリン酸がエステル結合したものがヌクレオチドであり，リボヌクレオチドとデオキシリボヌクレオチドがそれぞれRNAとDNAの基本単位である．ヌクレオチドの重合は，5'位と3'位の間の**リン酸ジエステル結合**（phosphodiester bond）での連結によってもたらされる（**図2.8**）．なお，「'」はヌクレオシドないしヌクレオチド中のリボースを構成する炭素であることを示すためにつけられる．

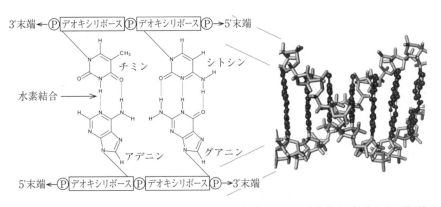

(a) DNAの対合　　　　　　(b) DNAの立体構造（2重らせん構造）

図2.8 DNAの構造

ポリヌクレオチドの末端に位置するヌクレオチドは5'位ないし3'位のヒドロキシ基はリン酸と結合しておらず，それぞれの末端を5'末端および3'末端という．ポリヌクレオチドが接近すると，塩基部分に起因する水素結合により

A-T(U), G-C の組合せで逆平行に対合する。この性質により，遺伝子の本体である DNA は通常，二重らせん構造を形成している。また，遺伝情報の翻訳に関与するトランスファー RNA（tRNA）やリボソーマル RNA（rRNA）には部分的に相補配列があり，これらが対合して一本鎖ながら特有の立体構造をなす。なお G-C の組合せのほうが強い相互作用を示す。

核酸以外のヌクレオチド系の生体物質は酵素の補因子などとしての役割を担っている。アデノシン三リン酸（ATP）は高エネルギー物質でありリン酸基の授受に関与する。酸化還元反応に関与する NADH（NAD^+），NADPH（$NADP^+$），$FADH_2$（FAD）および $FMNH_2$（FMN）もヌクレオチド系の補酵素ないし補欠分子族である。また，コエンザイム A はアシル基の転移に関わる補酵素である。さらに，糖ヌクレオチド（UDP-グルコースなど）は糖の転移反応におけるグリコシル基（糖残基）の供給源である。

2.2 代表的な代謝経路

2.2.1 代 謝 と 栄 養

有機物の生合成が**同化**（anabolism）であり，有機物の生分解に伴ってエネルギーを獲得することが**異化**（catabolism）であり，あわせて**代謝**（metabolism）とよぶ。生体エネルギーは主として高エネルギーリン酸結合として保存され生物体内で流通しており，代表的な高エネルギーリン酸化合物が ATP である。ATP はアデノシン二リン酸（ADP）のリン酸化によって生じる。ATP 合成をもたらすエネルギー代謝系（エネルギー獲得系）は，**発酵**（fermentation），**呼吸**（respiration），**光合成**（photosynthesis）の 3 種類に分けられる。それぞれのエネルギー獲得系での ATP 合成の仕組みを，基質レベルのリン酸化，酸化的リン酸化，光リン酸化という。1 章で述べたように，炭素源とエネルギー源の取込み方の組合せに着目すると，生物は 4 種の栄養形式（化学従属栄養，化学独立栄養，光従属栄養，光独立栄養）に大別できる。有機物（おもに脂質，多糖，タンパク質）由来のエネルギーで ATP を合成する発酵と呼吸（**図**

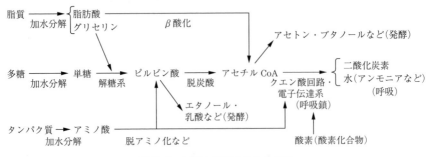

図2.9 発酵と呼吸のおもな流れ

2.9) は化学従属栄養生物において最も重要な代謝系である。

光エネルギーでATPを合成する光合成は光従属栄養生物と光独立栄養生物の代謝の根幹をなし，無機物由来のエネルギーでATPを合成する特殊な呼吸は化学独立栄養生物に不可欠である。

2.2.2 発酵（基質レベルのリン酸化）

酸素や無機酸素化合物を用いず有機物を嫌気的（anaerobic）に分解することにより生じるエネルギーによってATPを合成することを発酵という。発酵にはさまざまな種類があり，多くは水溶性酵素により細胞質で進行する。基質となる有機物の分解に伴うエネルギーは一時的に分解物のリン酸化によって蓄えられ，リン酸化されている高エネルギー中間基質のリン酸がADPに転移することによってATPが生じる。酵素反応でのリン酸の授受によってATPが合成されることを基質レベルのリン酸化という。発酵のおもな代謝系としては，グルコース（C6化合物）を基質として2分子のC3化合物（おもにピルビン酸）を産生する**解糖系**（glycolysis system）がある。発酵に該当する解糖系のおもなものとしては，グルコース1分子から2分子のATPが生じるEMP経路（EM経路）と，グルコース1分子から1分子のATPが生じるED経路がある。動植物はEMP経路を用いるが，微生物にはこれ以外の解糖系も見い出される。いずれの経路でもATPとともに還元型補酵素であるNADHが生じる。呼吸を行う生物であれば，NADHは電子伝達系に導かれてATPを産する。呼吸を行

わない生物では解糖系で生じた産物を NADH で還元して NADH の蓄積を回避
しつつ発酵産物を生じる。乳酸発酵，アルコール発酵，プロピオン酸発酵，酪
酸発酵，アセトン・ブタノール発酵などがこれにあたる。高等動物においても
急激な運動で筋肉への酸素供給が滞った際には一時的に乳酸発酵を行う。この
ほか，ATP は生じないものの，脂肪酸合成に必要な NADPH や核酸の合成に必
要なリボースを供給するために重要なペントースリン酸経路も解糖系の一つで
ある。

　発酵という用語には基質レベルのリン酸化によって嫌気的にエネルギーをも
たらす代謝系という意味とともに，生物による有用物質生産ないし有害物質分
解などの好ましい物質変換という意味もある。上述の乳酸発酵などはどちらの
意味の発酵にもあてはまり，例えばアミノ酸発酵や酢酸発酵は好気的代謝によ
るので有用物質生産のみに該当する発酵の例である。

2.2.3　呼吸（酸化的リン酸化）

　酸素分子や無機酸素化合物を電子受容体として基質（電子供与体）を酸化し
て ATP 合成のためのエネルギーを得ることを呼吸という。呼吸基質の酸化で
得た還元力は補酵素を介して膜系にある**電子伝達系**（呼吸鎖）に伝えられ，こ
こで電子受容体の還元がもたらされる。その際，膜内外に電気化学ポテンシャ
ル勾配（通常は H^+ の濃度差）が形成させる。形成された勾配は膜を貫通する
ATP 合成酵素（ATP synthase）を駆動するエネルギーとして活用され，その反
応により ATP が生じる。基質の酸化に起因するこのような ATP 合成を酸化的
リン酸化という。**表2.1** に示すように，呼吸は 3 種類に大別できる。

表2.1　呼吸の種類

	電子供与体	電子受容体
酸素呼吸	有機物	酸　素
嫌気呼吸	有機物	硫酸，硝酸，二酸化炭素
無機呼吸	アンモニア，硫化水素，二価鉄，水素	酸　素

38   2. 生 化 学 の 基 礎

電子受容体として酸素分子を用いる呼吸が**酸素呼吸**（好気呼吸，aerobic respiration）であり，動植物をはじめとする好気性生物のほとんどがこの形式の呼吸を行う。糖質が呼吸基質の場合，解糖系で生じたピルビン酸はアセチルCoA に変換されたのち**クエン酸回路**（citric acid cycle）に導かれて段階的に分解され，このとき二酸化炭素と還元型補酵素（NADH など）が生じる。脂質（脂肪酸）が呼吸基質となる場合には，**β-酸化系**（beta-oxidation system）での脂肪酸の炭素数に応じた数のアセチル CoA への変換を経てクエン酸回路へと導かれる。タンパク質（アミノ酸）の場合には，脱アミノ化によって各アミノ酸に対応する有機酸に変換されたのちにクエン酸回路に導かれる。還元型補酵素は膜系にある電子伝達系において電子を放出して酸化型（NAD$^+$ など）に戻り，電子は酸素の還元による水の生成をもたらす。反応で生じるエネルギーによって膜内外に H$^+$ の電気化学ポテンシャル勾配が形成される。膜を貫くATP 合成酵素を通って H$^+$ が移動することによって勾配は緩和され，その際に生じるエネルギーによって ATP が合成される。化学反応とイオン輸送反応が共役しているこのような仕組みを**化学浸透共役**（chemosmosis）という。

一方，無機酸素化合物を用いる呼吸が嫌気呼吸である。**嫌気呼吸**（anaerobic respiration）おける電子受容体としては，硫酸イオン，硝酸イオン，炭酸イオンが代表的で，それぞれ硫酸呼吸（硫酸還元），硝酸呼吸，炭酸呼吸とよばれる。硫酸呼吸と炭酸呼吸は高度な嫌気条件を好む細菌（bacteria）および古細菌（archaea）が行い，呼吸によってそれぞれ硫化水素とメタンがおもに生じる。基質としては酢酸などの単純な有機酸や水素が用いられる。炭酸呼吸でメタンを生じることをメタン発酵といい，これを行う古細菌をメタン菌（メタン生成菌）という。硝酸呼吸はさまざまな細菌が行い，硝酸はアンモニアに還元される。硝酸呼吸の基質としては好気呼吸と同じく糖質をはじめとする種々の有機物が用いられる。硝酸呼吸ながら硝酸が窒素分子に還元される場合もあり，この硝酸呼吸を上述の硝酸呼吸と区別して**脱窒**（denitrification）という。脱窒には硝酸を亜硝酸に変える硝酸還元菌と亜硝酸を硝酸に変える亜硝酸還元菌の 2 種類の細菌が関与し，あわせて脱窒菌とよばれる。

2.2　代表的な代謝経路　　39

　無機物を基質とする呼吸を**無機呼吸**（inorganic respiration）とよび，細菌および古細菌にはこれを行うものがある。ほとんどの無機呼吸では酸素分子が電子受容体として用いられるので好気呼吸の一種とみなせる。無機呼吸の代表的な基質（電子供与体）は水素分子，硫化水素，アンモニア，二価鉄イオンである。無機呼吸能をもつ微生物のほとんどは呼吸基質の酸化で生じた還元力で二酸化炭素を還元して有機物を合成（炭酸同化，炭酸固定）する能力も有している。炭酸同化経路としては**カルビン・ベンソン回路**（Calvin-Benson cycle）が代表的だが，還元的クエン酸回路（クエン酸回路の逆回転）などを用いるものもいる。

　水素分子を電子供与体する好気呼吸で生じるエネルギーで ATP を合成することを**水素呼吸**（hydrogen respiration）とよび，これを行うのが水素細菌（水素酸化細菌）である。水素細菌の多くは水素も有機物も増殖基質として利用できる。すなわち，独立栄養と従属栄養を両立できるのが水素細菌のほぼ共通の特徴である。水素による独立栄養を可能としているのは，$H_2 \leftrightarrow 2H^+ + 2e^-$ の可逆反応を触媒するヒドロゲナーゼという酵素である。水素細菌は好気環境下で水素を酸化して電子を取り出す方向の反応を利用している。ヒドロゲナーゼは通性嫌気性菌，嫌気性菌および光合成細菌に散見され，嫌気下でプロトンを還元して水素を生じる方向の反応を触媒する。例えば，大腸菌は水素を消費することも発生することもできる。

　硫化水素を酸化して硫酸イオンを生じる際のエネルギーで ATP を合成するのが**硫酸呼吸**（sulfate respiration）であり，これを行うのが独立栄養性の硫黄細菌（硫黄酸化細菌）で，知られている限りすべてグラム陰性菌である。中性環境を好むものと鉱山廃水などの酸性環境を好むものとに大別される。一部の硫黄細菌は海底の熱水噴出孔の周囲で自由生活ないし共生しながら有機物を供給することで，特有の生態系を支えている。

　アンモニアを酸化して硝酸に変換する微生物学的過程を**硝化**（nitrification）とよび，硝化によって生じるエネルギーを利用して ATP を合成する細菌を硝化細菌とよぶ。硝化細菌は，アンモニアを亜硝酸に酸化するアンモニア酸化細

40   2. 生 化 学 の 基 礎

菌と，亜硝酸を硝酸に酸化する亜硝酸酸化細菌の総称である。硝化細菌は普遍的に存在しており，浄水処理（人体に有害なアンモニアの除去）と排水処理（脱窒による窒素化合物除去の前段階）においても重要な役割を担う。

2.2.4 光合成（光リン酸化）

光エネルギーが**光合成色素**（クロロフィル，chlorophyll）によって光反応中心に集められると励起による電子の放出で電子伝達系が駆動される。これによって膜内外に H^+ の濃度勾配を形成され，呼吸の場合と同じように ATP 合成酵素が ATP の合成をもたらす。光によりリン酸化が起こることから，光合成における ATP 合成を光リン酸化とよぶ。そして，光合成は酸素を発生するかしないかで2種類に大別できる（**表2.2**）

表2.2 光合成の種類

	光合成色素	光反応系の数	電子供与体	電子伝達系の最終産物
酸素非発生型光合成	バクテリオクロロフィル	1	硫化水素など	硫 酸
酸素発生型光合成	クロロフィル	2	水	酸 素

光反応系への電子の供給は水ないし硫化水素や元素硫黄などからなされる。水が電子供与体の場合には酸素が生じることから**酸素発生型光合成**（oxygenic photosynthesis）であり，硫黄化合物を電子受容体とする場合を**酸素非発生型光合成**（anoxygenic photosynthesis）である。酸素発生型光合成では2種類の光反応系が連結されており強力な駆動力が得られるので，安定な分子である水を利用できる。一方，酸素非発生型光合成ではどちらか一種類の光反応系しかないため，酸化の容易な還元型の硫黄化合物を電子供与体とする。酸素発生型光合成は真核生物に見い出される好気的な光合成であり，原核生物ではシアノバクテリアが行う。シアノバクテリア以外の光合成細菌は酸素非発生型光合成を行い基本的に嫌気性で，おもに紅色細菌，緑色硫黄細菌，緑色糸状性細菌に大別される。光合成色素は酸素発生型のクロロフィルと化学構造がやや異なる

演 習 問 題　　41

ので，バクテリオクロロフィルなどと区別してよぶ。緑色硫黄細菌は有機物に依存しない光独立栄養で，緑色糸状性細菌は光従属栄養であり有機物に依存して増殖する。紅色細菌にはどちらの栄養形式も認められる。主要な酸素非発生型光合成細菌はグラム陰性だが，ヘリオバクテリアはグラム陰性の光合成細菌である。偏性嫌気性で胞子形成能をもつのが特徴で水田から単離された。

> **コラム** **砂糖はおとなしいからこそ甘い**
>
> 　甘い砂糖（ショ糖）は最も身近な糖質といえるだろう。生化学に傾倒気味の人物ならグルコースを最初に思い浮かべるかもしれないし，むしろ重合体であるデンプンやセルロースの現存量が多いことに気づくかもしれない。デンプンやセルロースにはさほど味がないのに対し，それらの構成単位であるグルコースは甘い。しかしその甘さはショ糖にはかなわない。ショ糖はグルコースとフルクトースからなる2糖で両残基はアノマー位間で結合している。したがって，グルコースと違ってショ糖には還元力がない。糖質の還元力の源であるアルデヒド基は落ち着きがなく特にアミノ基との相性が良いので，加熱するとすぐに結合したがる。つまり，グルコースはアミノ酸と結合しやすいのに対し，ショ糖はおとなしいので反応しない。うま味をもたらすグルタミン酸とグルコースが共存した状態で加熱すると両者は結合し，うま味も甘みも低下することになる。ショ糖とグルタミン酸を共存させた場合には反応は起こらず，加熱後も当初のうま味と甘みが保たれる。ショ糖が甘味料として優れているのは，単に甘みが強いだけでなく反応性が低く，調理のために加熱しても味の変化をきたさないからである。さらに，還元力をもった糖質はアミノ酸に限らず種々の分子と反応して複雑な有色の化合物を生じる。味噌や醤油の色にもそうした反応が関与している。ショ糖は調理による味の変化だけでなく深色化も引き起こしにくいという点でも優れている。

-------------------------------- **演 習 問 題** --------------------------------

【2.1】　アミノ酸の定義を記すとともに，タンパク質に含まれるアミノ酸の特徴を記せ。

【2.2】　加熱によって酵素が活性を失う理由を説明せよ。

【2.3】　スクロース中のグルコースとフルクトース残基のアノマー構造を答えよ。

【2.4】　糖質（例えばデンプン）と脂質（例えばオリーブ油）は生体エネルギーの所蔵に用いられる。単位重量あたりのエネルギー発生量に着目すれば，ど

42   2. 生 化 学 の 基 礎

ちらが優れているか説明せよ。

【2.5】 蛇毒はリン脂質に作用してリン酸基とグリセロール残基のエステル結合を切断する。これをふまえ，蛇毒が細胞の崩壊をもたらす理由を説明せよ。

【2.6】 ATP の構造式を記せ。

【2.7】 2 本鎖を形成している DNA を加熱すると水素結合が切断されて 1 本鎖となる。このような変性は DNA の塩基組成の影響を受ける。どのような組成の DNA がより安定かを考察せよ。

【2.8】 脂質や糖質に比べタンパク質がエネルギー源として適していない理由を考察せよ。

【2.9】 有機物に富んだ嫌気環境下では揮発性有機物が発生しやすい。微生物のエネルギー代謝の観点からその理由を説明せよ。

【2.10】 酸素発生型光合成を行う光合成生物が地表を席巻している理由を考察せよ。

3章 分子生物学の基礎

◆本章のテーマ

　本章では，生物化学工学やバイオプロセスを知るうえで，近年重要性が高まってきた分子生物学の基礎について学ぶことを目的とする。分子生物学は，生物機能を活用して有用物質を生産する「モノづくり」をデザインする可能性を開いた。また，分子生物学的手法を用いて培養や物質生産期間中の生物細胞の DNA や RNA の変化を解析することにより，ブラックボックスとして扱われてきた生物細胞内の活動を明らかにすることができ，根本的な改良を進めることができるという利点もある。

　本章では，遺伝子組換え生物を用いて有用物質を生産するための分子生物学的手法について学ぶと同時に代謝の働きや動きを明らかにするための分子生物学的解析法を理解することを目的とする。

◆本章の構成（キーワード）

3.1　セントラルドグマと遺伝子構造
　　　転写，翻訳，複製，ORF，トリプレット
3.2　遺伝子工学による異種遺伝子の発現
　　　ベクター，制限酵素，リガーゼ，プロモーター，形質転換，選択マーカー
3.3　遺伝子組換え技術
　　　電気泳動，PCR，ダイデオキシ法
3.4　遺伝子工学的育種のために重要な技術
　　　突然変異，バイオインフォマティクス，BLAST

◆本章で知ってほしいこと（チェックポイント）

□　遺伝子操作による異種タンパク質の発現は，ベクター構築⇒形質転換⇒組換え菌の選抜⇒形質発現の流れからなる。

□　PCR は，DNA 変性⇒アニーリング⇒伸長反応からなる。

□　ダイデオキシ法による DNA 配列解析は，DNA ポリメラーゼ反応における ddNTP 取込みによる反応停止と反応停止断片の分子量，末端塩基の検出からなる。

□　DNA やタンパク質の配列を情報データと捉え，各種バイオインフォマティクスプログラムにより遺伝子機能の推測などをすることができる。

3.1 セントラルドグマと遺伝子構造

すべての生物の性質は遺伝子（DNA）に配列情報としてコードされている。DNAの配列情報は，RNAに**転写**（transcription）され，タンパク質のアミノ酸配列に**翻訳**（translation）されるが，これを**セントラルドグマ**とよぶ（図3.1）。また，DNAの遺伝情報はDNAの**複製**（replication）によって行われる[†]。

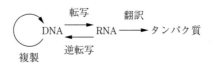

図3.1　セントラルドグマ

タンパク質を発現するための遺伝子構造は**図3.2**に示すように，RNAポリメラーゼは調節遺伝子（promoter）を見つけ，その下流に存在する構造遺伝子（cistron）の配列を読み取り，相補的なRNAを転写し，終結遺伝子で転写を終結する。構造遺伝子を開始するための遺伝子から終結遺伝子（terminator）までを**読み取り枠**（open reading frame, ORF）とよぶ。構造遺伝子にコードされる塩基配列は，RNAに転写され，アミノ酸配列に翻訳される。RNAの塩基三つの並び（**トリプレット**（triplet））がタンパク質を構成する20種類のアミノ酸から一つを指定する。このトリプレットをコドンとよぶ。

図3.2　遺伝子の構造

---

† 遺伝情報は当初DNAからRNAへ転写される一方向のみによると考えられていたが，その後RNAからDNAへの伝達（逆転写，reverse transcription）も存在することが明らかとなった。

3.2 遺伝子工学による異種遺伝子の発現

遺伝子組換えとは，生物に遺伝子を導入する技術であり，異種遺伝子をある生物（例えば大腸菌）に導入し，その遺伝子にコードされるタンパク質を**発現**（expression）することができるようになった。図3.3に異種の目的遺伝子を用いて目的遺伝子の形質発現をするまでの一般的なアウトラインを示した。そのステップは，（a）**組換えベクター**（recombinant vector）の構築，（b）**形質転換**（transformation），（c）目的組換え菌の増殖と選択（スクリーニング），（d）目的遺伝子の形質発現に大別される。

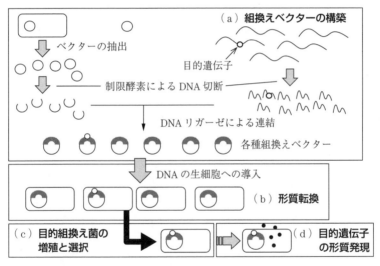

図3.3 遺伝子操作による異種タンパク質発現のアウトライン

3.2.1 組換えベクターの構築

目的の遺伝子が取得できると，細胞に導入するために組換えベクターを構築する必要がある。

ベクターとは，遺伝子の運び屋の意味をもち，目的の遺伝子を宿主の細胞内で維持，増幅するために用いられるDNAである。目的遺伝子のDNAはその

まま宿主細胞に導入しても細胞内のDNA分解酵素により分解されてしまうが，その宿主細胞内で機能する（例えば自己増殖機能など）DNA分子（ベクター）に組み込むことで宿主細胞内で安定に存在できるようになる。細菌の場合，プラスミドDNAなどが利用される。

組換えベクターの構築に最もよく使われるプラスミドベクターpUC18（**図3.4**）を利用した方法について考えてみよう。プラスミドベクターpUC18は大腸菌内で自律複製することができる約2.7 kBの小さな2本鎖DNAであり，複製開始点のほかに**選択マーカー遺伝子**（selection marker gene），遺伝子を組み込むための**クローニング部位**（cloning site）がある。目的遺伝子をpUC18に組み込むためには，遺伝子の配列に従って酵素により塩基を切断し，結合することで，目的とする組換えベクターの構築が可能となる。この場合の切断酵素を**制限酵素**（restriction enzymes），結合する酵素を**リガーゼ**（ligase）という。制限酵素は，DNAの特定の塩基配列を認識して切断することができ，認識配列，切断様式（付着末端切断型と平滑末端型切断）の異なる制限酵素が多数発見されている。**表3.1**におもな制限酵素，切断様式と識別塩基配列の例を示す。

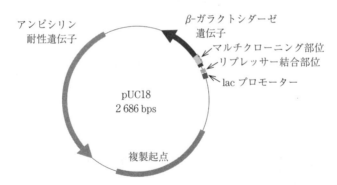

図3.4 プラスミドベクターpUC18の遺伝子構造

リガーゼは，本来はATPを利用して合成反応を触媒する酵素の一般名だが，遺伝子工学分野ではDNAリガーゼを指す場合が多い。リガーゼはDNA鎖の末端同士をつなぎ，リン酸ジエステル結合を形成する。「はさみ」の役割をする制限酵素により切断されたDNAをつなげる，「のり」の役割を果たす。

表3.1 おもな制限酵素と識別塩基配列の例

	酵素名	識別配列	切断後の末端配列
付着末端	*Eco* RI	5' –GAATTC-3' 3' –CTTAAG-5'	5' –G AATTC-3' 3' –CTTAA G-5'
	Pst I	5' –CTGCAG-3' 3' –GACGTC-5'	5' –C TGCAG-3' 3' –GACGT C-5'
	Kpn I	5' –GGTACC-3' 3' –CCATGG-5'	5' –GGTAC C-3' 3' –CC ATGG-5'
	Bam HI	5' –GGATCC-3' 3' –CCTAGG-5'	5' –G GATCC-3' 3' –CCTAG G-5'
平滑末端	*Alu* I	5' –AGCT-3' 3' –TCGA-5'	5' –AG CT-3' 3' –TC GA-5'
	Eco RV	5' –GATATC-3' 3' –CTATAG-5'	5' –GAT ATC-3' 3' –CTA TAG-5'
	Pvu II	5' –CAGCTG-3' 3' –GTCGAC-5'	5' –CAG CTG-3' 3' –GTC GAC-5'
	Sma I	5' –CCCGGG-3' 3' –GGGCCC-5'	5' –CCC GGG-3' 3' –GGG CCC-5'

DNA鎖の末端は，制限酵素によっては粘着末端であったり，PCR反応の場合は，リン酸基がなかったりする場合があるので，適宜DNAの修飾反応などを行ってからリガーゼ反応をする必要がある。現在では，制限酵素，DNAリガーゼ，各種修飾酵素が市販されており，組換えベクター構築実験が可能である。

3.2.2 形 質 転 換

遺伝子工学においては，ベクターDNAを細胞に導入する操作を形質転換という（この場合，導入される細胞を「宿主」という）。形質転換の操作方法は，細胞腫，微生物の種類によってもさまざまである。

最もよく研究されている大腸菌を宿主とする場合，細胞をカルシウムイオンなどの二価陽イオンで処理するとプラスミドなどの低分子DNAに対して透過性をもつようになり，形質転換が可能になる。酵母もリチウムイオンのようなアルカリ金属イオンで処理すると形質転換が可能になる。

そのほか，細胞に電気パルスをかけて細胞膜に微小な穴を空け，細胞内部に

48   3. 分子生物学の基礎

DNA を導入する方法（電気パルス法），金属粒子に DNA をコーティングし，細胞に打ち込む方法（パーティクルガン法），ウィルスやファージの感染能力を利用する方法（トランスフェクション法），リポソームを利用する方法（リポフェクション法）などさまざまな方法が開発されているが，形質転換する細胞の種類により使い分ける必要がある。形質転換の効率は一般的に使用する DNA あたりの形質転換された細胞の数量（例えば CFU-colony forming unit：コロニー形成数／μg-DNA）として表す。

3.2.3　目的組換え菌の増殖と選択

　形質転換された細胞と形質転換されていない細胞は通常，視覚的に区別することはできず，しかも使用した細胞のうち，形質転換された細胞は1％以下に過ぎない。したがって，形質転換株は，ベクターに含まれる選択マーカー遺伝子のように新たに導入された形質を利用して選択される。**表3.2** に一般的に使用されている選択マーカー遺伝子と選択方法の例について示した。

表3.2　選択マーカー遺伝子と選択方法の例

遺伝子名	性　　質	選択方法
bla	β-ラクタマーゼ	抗生物質（アンピシリン）
ura3	オロチジン酸デカルボキシラーゼ	FOA[*1] 存在下での耐性
gfp	蛍光タンパク質	蛍光発色するコロニー
luc	ルシフェラーゼ	ルシフェリンからの蛍光物質生成
Lac Z	β-ガラクトシダーゼ	X-gal[*2] 分解による青色物質生成

[*1]　フルオロオロチン酸
[*2]　5-ブロモ-4-クロロ-3-インドリル-β-D-ガラクトピラノシド

3.2.4　目的遺伝子の形質発現

　3.2.1項において目的遺伝子の上流に配したプロモーターの性質を利用して目的遺伝子を発現することができる。発現したタンパク質などの機能・性質が目的に適っているかを酵素活性や，抗体反応などを使って確認することができる。また，培養による大量生産（あるいはタンパク質の大量発現）を目的とする場合，培養中に化合物を添加したり，温度を変化させることにより発現量が

変化するプロモーターが，発現制御しやすい点で有利である。**表3.3**に培養条件により制御されるプロモーターの例を示した。ここで，IPTGとはIsopropyl β-D-1-thiogalactopyranoside（イソプロピルβ-D-1-チオガラクトピラノシド）を，IAAとはindole acetic acid（インドール酢酸）のことを示す。

表3.3 培養条件により制御される
プロモーターの例

名称	宿主	性　質
tac	EK	IPTGにより脱抑制
Ara	EK	アラビノースによる発現
Pho5	SC	高濃度リン酸による抑制
$P_L P_R$	EK	高温において高発現
trp	EK	IAA添加により脱抑

3.3　遺伝子組換え技術

遺伝子組換え技術は，日進月歩で発展しているが，本節では最も基本的な技術として電気泳動，PCR，ダイデオキシ法によるDNAシーケンス解析について解説する。

3.3.1　電 気 泳 動

電気泳動（electrophoresis）は，遺伝子の分子量により分離する技術である。アガロース，ポリアクリルアミドなどのゲルに電場をかけて遺伝子サンプルを通過させる。エチジウムブロマイドで染色して，UV（紫外線）により観察する。DNA（RNA）は，負に帯電しているので＋電極方向に移動する。

3.3.2　PCR

PCR法（**ポリメラーゼ連鎖反応法**，polymerase chain reaction）は，試験管内でDNAの特定領域を増幅する反応である。

PCR反応によるDNA鎖の合成はDNAポリメラーゼが触媒する。鎖の延長の開始には，親鎖の3′末端に，相補的な短いDNAやRNA断片が前もって結合していることが必要であり，単なる1本鎖には作用しない。つまり，DNAポリメラーゼは鎖の合成の開始はできない。この短い断片を**プライマー**

3. 分子生物学の基礎

(primer) という。

　PCR反応液は，DNAポリメラーゼ，鋳型となるDNA（テンプレートDNA），増幅する領域の両末端に相補的なオリゴDNA（プライマー），基質となる塩基（デオキシヌクレオチド三リン酸，dNTP），必要に応じて添加するマグネシウム塩などからなる。反応は，温度調整可能なサーマルサイクラーを用いて行い，通常3温度条件を繰り返す。最初の温度条件では95〜100℃で，DNA二本鎖の解離を行い，次いで50〜60℃程度でテンプレートDNAへのプライマーDNAのアニーリングを行う。さらにDNAポリメラーゼの反応温度（例えば72℃）でDNAポリメラーゼによる相補鎖合成を行い，この温度サイクルを繰り返すことで合成DNA量を増幅していく。**図3.5**にPCR法の原理について概略を示した。

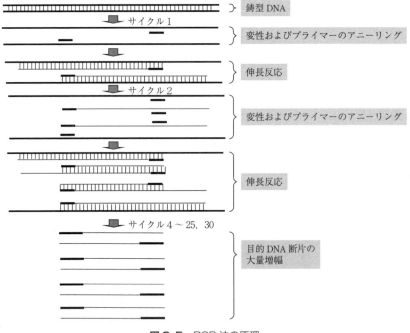

図3.5 PCR法の原理

3.3.3 DNA シーケンス解析技術

DNA の塩基配列は，シーケンス法により解析される。最も代表的な DNA シーケンス法は，**ダイデオキシ法**（dideoxy-method，開発者にちなんで**サンガー法**（Sanger-method）ともいう）であり，DNA ポリメラーゼが DNA を合成する際に ddNTP（ダイデオキシヌクレオチド三リン酸）を取り込むと反応が停止する，という原理を利用して開発された。当初は，放射性化合物，ポリアクリルアミドゲル電気泳動を使用していたが，現在では，蛍光標識した基質とキャピラリー電気泳動装置を用いて自動化が進んでいる。

3.4 遺伝子工学的育種のために重要な技術

3.4.1 突 然 変 異

環境中から分離した微生物やその酵素は，一般にその特異性，活性，安定性などの面から工業的に利用するには不十分な場合が多く，改良するために突然変異が利用されることがある。突然変異とは形質の遺伝的変化を総称するが，バイオテクノロジーにおいては，おもに突然変異誘起物質を用いて DNA の一次配列を変化させ，活性などの改良を行う技術を指す。ニトロソグアニジン（NTG）やエチルメタンスルホン酸（EMS）などの化学物質を作用させる方法や紫外線（UV）を照射する方法などが行われる。DNA 組換え技術は人為的に遺伝子をデザインするのに対し，突然変異では形質の変化による検出が主であり，想定しない塩基配列の変化（機能未知遺伝子の変化，複数遺伝子の変化など）が起こるため，新奇遺伝子機能や，代謝メカニズムの発見にも有効である。

3.4.2 バイオインフォマティクス

これまでのシーケンスデータは世界的に，米国 NCBI（National Center for Biotechnology Information），欧州 EMBL（European Molecular Biology Laboratory），日本 DDBJ（DNA Data Bank of Japan）などで共有しながらデータベース化されている。DNA（あるいは RNA）の塩基配列，タンパク質のアミノ酸配列は

52   3. 分子生物学の基礎

一見ランダムな配列であるが，類似機能をもつ遺伝子，タンパク質は類似配列
を有することが多いことがわかっている。このような配列を情報データとして
捉え，比較解析することで未知の遺伝子やタンパク質の機能を理解する研究分
野を**バイオインフォマティクス**（bioinformatics，**生命情報学**）とよぶ。

代表的なバイオインフォマティクス解析ツールを**表3.4**に紹介する。なお，
これらの解析ツールは，日々修正されてアップグレードされている。また，
URL も変更の可能性があるため各自検索して活用してほしい。

表3.4 代表的なバイオインフォマティクス解析ツール

BLAST	Basic Local Alignment Search Tool。DNA の塩基配列やタンパク質のアミノ酸配列のシーケンスアライメント（配列をできるだけ一致するように並べること）を行うためのアルゴリズム。塩基配列を扱う BLASTn，アミノ酸配列を扱う BLASTp，翻訳塩基配列を扱う BLASTx などがある。
ORF finder	ある程度長い断片の遺伝子は複数の ORF を含むことになるが，そのような DNA 塩基配列について ORF 候補を探し出す。候補となる ORF について BLAST 検索を行う機能もついている。
MOTIF Search	タンパク質アミノ酸配列中に認められる小さい構造部分には共通した機能を示すことがある。これをモチーフとよび，モチーフ構造を探し出すことができる。
CLUSTAL W	複数の遺伝子やタンパク質の配列をできる限り一致するように並べる（マルチプルアライメント）ための解析ツール。

また，解析用ソフトとして，表3.4で示したような解析を複数組み合わせて
できるようなソフトもあるので目的によって使いこなしてほしい。代表的な解
析ソフトの例として，フリーソフトに ApE（A plasmid Editor），BioEdit，
GeneStudio，MEGA（Molecular Evolutionary Genetics Analysis）など，有料ソ
フトに Genetyx，DNASIS などがあげられる。

コラム 省エネ微生物（遺伝子組換えで酸素供給を改善）

微生物には，人間と同様に生育に酸素を必要とするものがあり，好気性微生物あ
るいは好気性菌という（1 章参照）。

好気性菌は，酸素分子を利用することができるが，空気中の酸素をそのまま細胞
に取り込むのでしょうか？ 違いますね。細胞内部は水分で満たされているので，原
則として水分に溶解した状態のものを細胞内に取り込む。酸素の場合も水に溶解し

た酸素（溶存酸素）を利用するが溶解度が非常に低い。これを促進するにはどうしたらよいだろうか。答えはバイオプロセスの操作として9章に解説されている。

　最近では，酸素供給に関係する生物機能を遺伝子組換えによって改善しようという研究も進められている。ヒトをはじめとする脊椎動物などは酸素の運搬のために赤血球中のヘモグロビンが関わっているが，じつは微生物にもヘモグロビンタンパク質（bacterial haemoglobin）が存在する。これは，米国の研究者ウェブスター（D.Webster）によって *Vitreoscilla* 属細菌から発見され，vitreoscilla haemoglobin（VHb）とよばれている。その後，VHbタンパク質の性質，VHbをコードする遺伝子が明らかになってきた。

　では，この性質はほかの微生物でも同様に酸素運搬能力を発揮するのだろうか？もしそうであれば，酸素ガスの節約や酸素を供給するためにリアクターを激しく撹拌する必要もなくなり，いわゆる「省エネ型の微生物」ができるかもしれない。現在も，BH遺伝子をさまざまな微生物に発現し，その効果をみる研究が行われている。

-------------------------------- **演 習 問 題** --------------------------------

【3.1】 以下の文について正しい選択肢に丸をつけなさい。

　　a） DNAを一本鎖に（変性，極性）させるには（37℃，72℃，95℃）の温度で処理をすればよい。

　　b） PCRに使う酵素は（DNAアミラーゼ，DNAトランスクリプターゼ，DNAポリメラーゼ，DNAリパーゼ）である。

　　c） DNAを電気泳動分析した結果を写真に撮るとDNAの長さが短いほど（上，下）に検出された。

　　d） DNAの遺伝子配列ではGと相補的に（A, T, G, C）が結合している。

　　e） タンパク質の設計図となるDNAの遺伝子配列は（1, 2, 3）個の遺伝子の組合せが一つの（脂肪，アミノ酸，塩基）に対応している。

　　f） PCR反応は，（プロモーター，プライマー，オペレーター）のテンプレートへの（カバリング，アニーリング，ダブリング）により開始される。

【3.2】 *Rhodococcus rhodochrous* B-276の有するプラスミドpNC500の全塩基配列を検索し，得られた配列からpNC500に含まれる遺伝子の機能を予測せよ。

【3.3】 目的遺伝子を検出する方法としてPCRのほかにハイブリッド形成法がある。ハイブリッド形成法について調べ，その原理について説明しなさい。

【3.4】 ベクターに外来DNAを導入するときのライゲーション効率を高めるための方法について説明しなさい。

第 2 部：生物化学工学の基礎

4章 生物化学工学とは

◆本章のテーマ

　本章では，はじめに生物化学工学とはどのような学問であり，なにを目的としてなにを学ぶのかについて，基盤となる学科目との関連を含めて概説する。次いで，生物関連産業において生物化学工学の手法や考え方などがどのように活用されているのかについて，その位置づけ，研究の流れなどを解説するとともに，これから本科目を学ぶに際しての心構えなどについて述べる。

◆本章の構成（キーワード）

4.1　生物化学工学の位置づけ

　　　有用物質生産，環境保全，生物関連産業，ニューバイオテクノロジー，
　　　オールドバイオテクノロジー

4.2　生物産業への生物化学工学の適用

　　　単位操作，スクリーニング，スケールアップ，アップストリーム，ダウン
　　　ストリーム

4.3　生物化学工学を学ぶにあたって

　　　幅広い教養，総合学問

◆本章で知ってほしいこと（チェックポイント）

□　生物産業におけるモノづくりでは生物化学工学的思考が重要であること。

□　製造工程は「単位操作」の組合せで構成されていること。

□　製造工程はアップストリームとダウンストリームに分けられること。

□　製造工程の設計にはスケールアップの考え方が重要であること。

□　生物化学工学系の人材には幅広い教養が必要であること。

4.1　生物化学工学の位置づけ

　「生物化学工学とはいかなる学問か？」という質問に対する的確な解答を見つけ出すことは，容易なようでじつは必ずしもそうではないと思われる。大学などの高等教育機関で学ぶ学科目には，「生物化学工学」だけでなく「物理化学」や「生物物理化学」など，高等学校までに学習してきた教科の枠組みやその概念だけでは，当該科目ではなにを目的としてどのような事柄を学ぶのかという明確なイメージが湧きにくい名称の科目も少なくない。これらは，科目名それ自体から，複数の学問領域に関わる事項が包含されていることは理解できるものの，結局のところその実態がよくわからないというのが，初学者の正直な気持ちかもしれない。

　「生物化学工学は，生物化学を工学的に解析するのですか？　それとも生物材料を用いたモノづくりを化学工学的に取り扱うのですか？」であるとか，さらには「生物物理化学は，生物系，化学系いずれの分野の科目なのですか？」などという質問を受けることが頻繁にあるが，科目名の難解さや科目名から学ぶ内容をイメージできないということが学習意欲を削ぐ場合があるかもしれない。

　主題を「生物化学工学」に戻し，その内容について考えてみよう。本科目の定義については冒頭でも述べたように，「これが正解」という絶対的な解があるわけではない。少なくとも，生物化学工学に関連するさまざまな既存の成書[1)-3)]においては，じつにさまざまな定義がなされているし，科目名をどこで区切って解釈するかということだけに着目しても，そこから受ける科目へのイメージがかなり変わってくるように思われる。ただし，「生物化学工学」は，これを ①「生物化学＋工学」というイメージ（＝生物化学的現象を工学的に利用する学問であるという理解）で捉えても，②「生物＋化学工学」というイメージ（＝生物素材を化学工学に利用する学問であるという理解）で捉えても，その意味するところに大きな影響はなさそうだと思われる。いずれにして

56   4. 生物化学工学とは

も「生物化学工学」は「生物材料，具体的には微生物，動物細胞，植物細胞，動植物細胞の器官や組織，あるいは酵素が有する各種生物化学的機能をうまく利活用し，これを有用物質生産や環境保全などを行うためのバイオテクノロジーとして体系化する学問」であり，それによって体系化された技術がさまざまな生物関連産業に適用されることにより，人類の豊かな生活の実現に貢献すると考えることができるからである。

バイオテクノロジーといえば，一般に**遺伝子組換え**（genetic engineering），**細胞融合**（cell fusion）あるいは**組織培養**（tissue culture）など，近年の分子生物学や細胞生理学などの急速な発展によって確立された技術に基づくいわゆる"ニューバイオテクノロジー"が連想されがちである。しかしながら一方で，伝統的な醸造や発酵生産に関連する微生物利用学に関連する技術（これらは，"オールドバイオテクノロジー"とよばれることもある）もきわめて重要である。後者は，有史以来の人類の長い歴史のなかで"それに携わる人々の勘と経験に基づき，人々の生活を豊かにする職人技"として確立されてきたものである。科学技術の発展とともに，そのメカニズムが徐々に解明され，科学的な裏づけがなされたことによってしだいに体系化されて工学的技術として今日に至ったのである。現代の生物化学工学においては，ニューバイオテクノロジーとオールドバイオテクノロジーの両者が密接に関連・融合し合い，生物関連産業を司る根幹技術を形成していると考えるべきであろう。

4.2　生物産業への生物化学工学の適用

生物関連産業におけるモノづくりにはさまざまなものがあるが，ここでは「好気性微生物を用いる物質生産」を例として，その全体像を工程図（バイオプロセス図）として**図4.1**に示した[4]。工程図は，フローチャートともよばれ，複数の**単位操作**（unit operation）の組合せにより構成されている。ちなみに単位操作とは，ろ過，乾燥，蒸留，混合，撹拌，遠心分離，粉砕，あるいは抽出など，あらゆる製品の製造工程の構成要素をなす基本的な生物・化学的

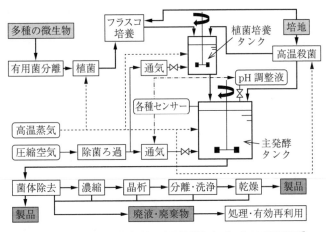

図 4.1 好気性微生物を利用する物質生産プロセスの工程図[4]

操作のことである。

　微生物学，生化学，あるいは化学関連の研究者や技術者による「新規生化学反応の構築」「新規微生物や酵素の検索」さらには「それらを用いた新規生物関連素材や有用物質生産」などに関する初期の基礎的な研究は，おもに実験室において比較的小規模で行われている。この段階では，反応収率や生産物純度の向上などに多くの力が注がれるものの，生産コストや各種器具（装置）の運転・管理などについてまで詳細な配慮がなされることは少ない。例えば，「清酒づくり」に関しては，生化学・化学の観点からは「原料米をアミラーゼで加水分解し，これを発酵によりアルコールと炭酸ガスに変換」ということに，また微生物学の観点からは，「一連の工程は，加水分解と発酵が同時に進行する並行複発酵によるものであり，関与するのは麹菌と酵母である」ということになる。しかし，これらについてフラスコレベルで詳細に検討を行うことで最適条件を明らかにしたとしても，実際の「清酒づくり」が完結するわけではない。また，それら実験室での一連の基礎研究を通じて得られた知見を，単に大規模化にしても，十分な成果が得られないばかりか，製造コストも高額なものとなってしまい，現実的ではない。

　工業的規模な生産を行うためには，生物化学工学，電気・機械工学，さらに

58   4. 生物化学工学とは

は経営工学など社会科学的な側面からの検討をも加え，製造規模に応じた適切かつ合理的な工程の開発やそれを行う装置の設計・運転条件の最適化，製造コスト計算や費用対効果などの応用研究が必要となる。すなわち上述の「清酒づくり」では，原料米の洗浄から蒸米の製造，麹製造，酒母製造，もろみの製造，および製品化に至る各工程に関して，用いる装置やその運転法をはじめとするさまざまな検討を行うことが必要なのである。

このように，実験室での基礎研究の成果とそれに基づいた応用研究の成果とが一体化することによって，はじめて工業規模での最適なモノづくりが可能となるのである。本節では，図4.1に示したような生物関連産業におけるモノづくりの工程図に基づいて，それぞれの工程における着眼点や手順について概説する。

4.2.1　使用微生物の選定

　物質生産における最初のステップは使用する微生物の選定であり，これは物質生産工程全体の成否を左右する重要な因子である。選定方法は大きく二つに大別される。

　第1の選定方法は，目的に適った有用菌を新たに自然界に求める方法である。この作業は，自然界からの有用微生物の**検索**，あるいは**スクリーニング**（screening）とよばれる。自然界には多種多様な特性を有する微生物が存在しているが，これまでに培養という手段によって人類が取得できているのは，存在している全微生物の1％にも満たないといわれている。このことは，裏を返せば「既知の微生物にはない優れた特性を有する微生物が，自然界に多数存在している可能性がきわめて高い」ということを意味しており，スクリーニングを行うということは，そのような微生物をさまざまな方法によって選抜し取得しようということである。一般には，まずはじめに目的に適う微生物がほかの微生物よりも優先的に生育する，あるいは当該微生物を含むコロニーだけが染色されるなど，肉眼的な観察により目的とする微生物を選別できるように工夫した特殊な培地を考案・調製する。そのような培地に，さまざまな微生物が存

4.2 生物産業への生物化学工学の適用 59

在していると考えられる自然界から採取した試料（土壌，河川・湖沼水，花，倒木や落葉など）を添加して培養を行い（これを**集積培養**（enrichment culture）という），目的にかなう微生物を含む可能性の高いコロニーを釣り上げる（この操作を釣菌という）。ただし，この時点ではコロニー中には，目的とする微生物以外の微生物も多数混在していることがほとんどである。そこでつぎに，釣り上げたコロニー中に含まれる微生物の単離操作（平板培地を用いた画線培養などによる場合が多い）を行い，それぞれの微生物を単一種の菌として分離する（これを純粋分離操作という）。最後に，得られた純粋分離微生物の菌学的性質などについて再度検証を行い，最も優れた特性を有する微生物を選抜するのである。前述のように，自然界には既存の培養法では培養が困難な微生物（これらを難培養性微生物という）の存在も知られており，このような微生物をも対象として微生物の有用形質を遺伝子レベルで取得する方法も開発されている（例えばメタゲノム法など）。

「独創的な一連のスクリーニング操作」によって分離・取得された微生物株は唯一無二の有用生物資源であり，再度同様の微生物が取得できる保証はきわめて低い大変貴重なものである。したがって，微生物の死滅，あるいは有用形質の欠落などということがないように，定期的に継代培養を行うとともに，長期保存に適したL-乾燥や凍結乾燥による保存，あるいは公的菌株保存機関（**表4.1**）への委託保存などもあわせて行っておくことが望ましい。

第2の選定方法は，既存の各種微生物株のなかから目的にかなうものを選抜する方法である。対象となる微生物は，① 研究・技術者自身が所属の研究機関などで保有している微生物株，あるいは ② 公的菌株保存機関（表4.1）で保存されている微生物株である。この場合は，第1の選定法で述べた集積培養や純粋分離といった操作は不要となることから，有用微生物の選択に要する時間を大幅に短縮することが可能な場合もある。しかしながら，選定した微生物自体にオリジナリティがあるわけではなく，ほかの研究者も同様の微生物を入手可能であるため，他者との研究競合の可能性も視野に入れた研究計画が必要となることを知っておきたいものである。

60   4. 生物化学工学とは

表4.1 国内の主要菌株保存機関[5]

保存機関名	機関名・略号
北海道大学大学院・農学研究院・応用生命科学部門・菌株保存室	AHU
東京大学大学院・農学生命科学研究科・応用生命工学専攻	ATU
（独）森林総合研究所・森林微生物研究領域	FFPRI
鳥取大学・農学部附属菌類きのこ遺伝資源研究センター	FMRC
岐阜大学大学院・医学系研究科・病原微生物遺伝子資源保存センター	GTC
広島大学大学院・先端物質科学研究科・分子生命機能学専攻・微生物遺伝資源保存室	HUT
千葉大学・真菌医学研究センター	IFM
東京大学・医科学研究所・感染症国際研究センター・病原微生物資源室	IID
群馬大学・医学部薬剤耐性菌実験施設	IMGR
石巻専修大学・理工学部基礎理学科	ISU
（独）理化学研究所・バイオリソースセンター・微生物材料開発室	JCM
（独）製品評価技術基盤機構・バイオテクノロジーセンター	NBRC
長崎大学・熱帯医学研究所	NEKKEN
（独）農業生物資源研究所・遺伝資源センター	NIAS
（独）国立環境研究所・微生物系統保存施設	NIES
大学共同利用機関法人・情報システム研究機構・国立遺伝学研究所・系統生物研究センター・原核生物遺伝研究室	NIG
東京農業大学・応用生物科学部・菌株保存室	NRIC
大阪大学大学院・工学研究科・生命先端工学専攻	OUT
（独）酒類総合研究所・微生物研究室	RIB
山梨大学大学院・医学工学総合研究部・ワイン科学研究センター	RIFY
大阪大学微・生物病研究所・感染症国際研究センター・病原微生物資源室	RIMD
玉川大学・学術研究所・菌学応用研究センター	TAMA
帝京大学・医真菌研究センター	TIMM

4.2.2 種菌の培養

　使用する微生物の選定が終了したら，次いで当該菌を用いて工業規模での本格的な物質生産を行うための準備として，種菌（物質生産のスターターとなる微生物のこと）を調製するための培養条件に関するさまざまな検討が行われる。すなわち，使用培地の組成，培地の殺菌法，培養条件（通気，撹拌，培養温度，pH など），菌体の回収法から廃棄物の処理などに関する諸条件の最適化

が行われ，主発酵での物質生産に必要な量の菌体が調製される。

4.2.3 主　発　酵

　主発酵槽は，微生物を用いる物質生産の"場"であり，物質生産工程全体の中核をなす部分である。生産される物質の種類，製造方法，あるいは工場の立地条件などさまざまな要因によって用いられる発酵槽の容量は異なるが，比較的低容量のタンクでもその容量は数十～数百リットルであり，大容量の発酵槽ではその容量が数千リットル以上にもおよぶ。また，発酵槽の仕様（8章参照）も，用途などによりさまざまである。一般に，実用規模のプラント（注：プラントとは，物質生産などで用いられる周辺機器をも含む一連の装置全体の意）における主発酵槽の設計・設置は，① 試験管・フラスコや小型発酵槽を用いた実験室レベルでの条件検討（ラボスケール），② 小・中型発酵槽を用いた小規模な作業施設において行われる条件検討（ベンチスケール），③ 実用規模の発酵槽に準ずる大型発酵槽を用いて行われる実証的な条件検討（パイロットスケール）などの段階的なステップを経て行われる[6),7)]。

　初期段階におけるラボスケールでの検討は，4.2.2項で記した種菌培養条件の検討に準じる手法で実施され，多くの場合はこの段階での条件検討によって発酵に関する大部分の基本的条件が最適化される。しかしながら，ラボスケールの検討で用いられる発酵槽と実際の生産現場で主発酵槽として用いられ大型プラントスケールの発酵槽とでは，その規模が大きく異なるため，ラボスケールでの結果を，そのまま実用規模のプラントに適用することができないことが多い。また，ラボスケールでの検討で得られた最適条件やその手法を，発酵槽の規模に応じて単に算術的に倍数化して実用規模のプラントにおける主発酵に適用しても良好な結果は得られない。

　例えば，殺菌操作については，ラボスケールの発酵槽では，これをオートクレーブに投入して高圧蒸気殺菌が行われる。一方，実用規模のプラントの発酵槽の殺菌は，これを投入可能な超大型オートクレーブは基本的に存在しないことから，通常はタンク内に高温の蒸気を吹き込むことによって行われることが

62   4. 生物化学工学とは

多く，殺菌方法そのものが，ラボスケールでの場合とは大きく異なる。また，好気性微生物の培養では，発酵槽内全体において培養液中の溶存酸素濃度（DO：dissolved oxygen）を菌体増殖に最適な値に維持することが重要である。ラボスケールの発酵槽であれば，簡易な通気ポンプを用いて培養液中への通気を行うとともに，培養液の適度な撹拌を行うことが比較的容易に実施可能である。これに対して実用規模のプラントの発酵槽では，培養液の液深に伴い増加する水圧が酸素の溶解度や菌体生育におよぼす影響，溶存酸素濃度の分布などにも配慮が必要である。このような不均一性の解消を目的として培養液を強力に撹拌することも可能ではあるが，結果として撹拌羽根のせん断力などの機械的なダメージによって使用している生体触媒（微生物や酵素）の活性が低下し，目的物質の生産効率が低下する恐れが大きくなる。したがって，これらをも総合的に勘案して槽内全体の DO が均一かつ適正値となるような通気・撹拌操作を行うことが必要となるのである。さらに，発酵槽の運転を制御するための周辺機器（電源装置，ポンプ，配管，各種センサーなど）についても，発酵槽の規模に応じた最適条件を決定しておくことが必要である。ラボスケールから実用規模のプラントへと規模が大きくなるに伴い，関連装置を安全かつ安定に運転するための関連業務も増大することから，これらを担当する人材の確保，技術や能力の維持なども必要になってくる。

　このようにラボスケールの小型発酵槽での研究成果を実用規模のプラントでの大型発酵槽で活用し，工業的物質生産工程にまで仕上げるためのこれら一連の設計作業を**スケールアップ**（scale-up）作業という。また，主発酵槽での物質生産に至るまでの工程は，**アップストリーム**（up-stream）（の工程）とよばれている。

4.2.4　生産物の分離精製と製品化

　微生物を用いる有用物質生産においては，前項で述べたように，主発酵槽における微生物の培養が工程全体の中核である。そのため，主発酵槽までの一連の工程の設計やそのマネジメントばかりにしばしば目が向きがちである。しか

しながら，主発酵槽で生産された菌体や物質を培養液から分離精製し，これを目的の製品にまで調製する工程（これを**ダウンストリーム**（down-stream）（の工程）という），さらにはその際に生じる廃液や廃棄物の回収や処理に関する工程も非常に重要であり，これらの工程に要する費用が，微生物を用いる有用物質生産の全体に占める費用の5割以上となることも少なくない。したがって，物質生産工程の設計においては，アップストリームの場合と同様に，ダウンストリームについても，工業的規模での実施形態をイメージしつつ実験室規模での試験研究を行う必要がある。

　例えば，培養液からの細菌の菌体の分離処理を行う場合，実験室規模での操作であれば，遠心分離によることも可能であろう。しかしながら，工業規模で培養液から細菌の分別に適用可能な超大型高速遠心機は見あたらず，現実的ではない。したがって当該処理に関しては，実験室規模での試験研究の段階から，ほかの処理法（例えばろ過など）についての検討を行わなければならない。

4.3　生物化学工学を学ぶにあたって

　微生物や酵素などのいわゆる生体触媒を利用したモノづくりにおいて，開発研究の主役は生物化学工学系の研究・技術者である。しかしながら前述のように，製造プラントが建設され生産活動の開始に至るまでには，解決しなければならないさまざまな課題（それらは，生物，化学，電気，機械，建築，経済・経営，流通・販売など多岐にわたる）が多く存在しているため，それぞれの部門に問題解決のためのプロジェクトチームが組織される。プロジェクトを円滑に推進するためには，おのおののチーム構成員が自身の専門分野はもちろん，ほかの分野に関しても幅広い教養を兼ね備えていることが望ましい。

　そのような観点からも，これから生物化学工学を学ばれる皆さんにおいては，「生物化学工学に基づいたモノづくりは総合学問である」ということをしっかりと認識したうえで，理系の特定の分野のみに偏らず，人文・社会系の学分野にも目を向け，広く社会人としての素養を身につけておく必要がある。

64   4. 生物化学工学とは

コラム **数学は嫌い，化学や物理も苦手…**

　先日，報道番組で「生物学を専攻する大学生の多くが，生物自体への関心が希薄である」との話題が取り上げられていた。その主たる原因は「生物は暗記すべきことが多く，入試で物理や化学ほどの高得点が望めないので，履修すらしない」ということらしい。一方で，著者が勤務の大学では，「計算が嫌いで化学や物理は苦手だから，入試は暗記主体の生物で…」という学生が多く，実際 pH 計算などからも距離をおこうとする傾向があることから，状況は大学により千差万別と考えられる。初等教育現場では，理系出身教員の減少とそれに伴う理科離れ，ゆとり学習の弊害，さらには科目選択の自由度が大きすぎるなどさまざまな議論がなされて久しい。生物工学教育の一端に関わる者としては，単に学問としての理論説明だけでなく，それを理解して実際に活用し問題解決できることの楽しさを伝えることこそが，学生に興味と勉学意欲を抱かせるために最も大切なことかもしれない（もちろん学生の側にも，目的意識をもった取組みがつねに重要であることはいうまでもないが…）。このような現状を鑑み，学生さん達には以下の書籍の一読をお奨めしている。身近な話題がちりばめられているので，気になった項目だけをパラパラと眺めるだけでもよく，それがきっかけとなり，少しでも興味が湧けばしめたものである！

京極一樹：ちょっとわかればこんなに役立つ　中学・高校数学のほんとうの使い道，実業之日本社 （2011） ※化学，物理編もある

-------------------------------- 演 習 問 題 --------------------------------

【4.1】 生物関連産業において「生物化学工学」が果たす役割とはどのようなものか。

【4.2】 生物関連産業におけるモノづくりの工程はどのように構成されているか。

【4.3】 「アップストリーム」や「ダウンストリーム」とはなにか。

【4.4】 生物化学工学における「スケールアップ」とはなにか。

5章 単位計算の基礎

◆本章のテーマ

　本章では，生物化学工学の学習に必要な単位計算の基礎を学ぶ。大学や高等専門学校の学生であれば，「単位」というと，卒業のためにそろえなくてはならない授業の単位（credit）を思い浮かべる人が多いかもしれない。ここで学ぶのは，「長さ」とか「速さ」の程度を表す数値（物理量）の単位（unit）である。「ああ，数値の後ろにくっついているちょっと面倒くさそうなアレでしょ」とつまらなそうに感じたとしたら，もったいない。単位はさまざまな数値の比較を可能にする基準であるだけでなく，数値がもつ物理的・化学的な意味を教えてくれる重要な指標でもある。単位の基本をきちんと押さえれば，生物化学工学の学習がどんどんはかどること請け合いである。単位（unit）を制するものは単位（credit）を制す，といっても過言ではない（と思う）。すでに単位の取扱いに慣れている読者は，本章を読み飛ばしても構わない。ただし，読み飛ばしてもよいどうかは，章末の演習問題をいくつか解いてみて判断してほしい。

◆本章の構成（キーワード）

5.1　単位はなぜ大切か
　　　　物理量，基準，単位
5.2　SI 単位系 ― 世界標準の単位 ―
　　　　SI 単位系，基本単位，補助単位，組立単位，接頭語
5.3　単位計算の基本
　　　　物理量の表し方，単位の換算，圧力，エネルギー，濃度，速度

◆本章で知ってほしいこと（チェックポイント）

□　世界標準の国際単位系（SI 単位系）があること。
□　全ての物理量は「数値×単位」で表されること。
□　物理量の加減では，数値のみを足し引きし，単位はそのままとすること。
□　物理量の乗除では，数値と単位をそれぞれ掛け合わせるか，割ること。
□　同じ物理量は，同じ単位に揃えて計算すること。
□　本書でよく使う物理量（圧力，エネルギー，濃度，速度）の単位も基本単位の組合せで表されること。

66   5. 単位計算の基礎

5.1 単位はなぜ大切か

　私たちは，日常の多くの場面で，いろいろな「基準」を使いこなしている。例えば，「あの山とこの山では，どちらのほうが高いか？」という比較をするとき，「あの山は○○ m，この山は△△ m だから，あの山のほうが高い」と判断する。この場合，「高さ」を比べる基準となる「m」という単位を使用して，二つの山の高さを比較している。「いちばん足が速い人」を決める際に，「100 m を駆け抜けるのに何秒かかったか」を比べるケースがあるのを多くの読者はご存知だろう。ここでも距離の基準である「m」と時間の基準である「秒」を組み合わせたものが，足の「速さ」を比較する基準となっている。世の中にはさまざまな「量（物理量）」があり，量を比較するためには，適切な基準が必要になる。この基準を取り決めたものが「単位」である。単位は，人類がその長い歴史のなかでつくり出した大変便利な概念であるが，農学系や工学系の初学者を悩ませる厄介な代物でもある。

　生物化学工学を学習していくと，さまざまな物理量に出会う。本書をパラパラめくると，そこかしこに数式が登場していることに気づくだろう。これらの数式で使用されている記号（文字）の多くは，単位とともに定義されている。生物化学工学をマスターするためには，単位の取扱いをよく理解し，上手に使いこなすことが大切だ。それは，生物化学工学という学問の本質が，生物の優れた機能をフル活用して「良いものを」「速く」「たくさん」つくるための方法論だからだ。「どのような量をどのくらいに設定すれば，どのくらい良いものをどれだけ効率良く生産できるか」を考えるためには，評価（比較）の基準となる単位を，混乱なく使いこなせなくてはならない。

5.2 SI 単位系 ─ 世界標準の単位 ─

　「長さ」を示す単位にも，いくつか種類がある。メートル，マイル，フィー

5.2 SI 単位系 — 世界標準の単位 —　　67

ト，ヤード，インチ，尺，寸，里…などはいずれも長さを表す基準として使われている単位である。それぞれの単位に固有の定義があり，国，地域，民族，学術分野や産業分野などの違いによって，さまざまな単位が使用されてきた。異なる単位によって表現された物理量を比較するには，ある単位で表された物理量を別の単位で表すといくらになるか，という「換算」が必要になる。そこで，単位換算の不便と煩雑さを避けるために，1960 年の第 11 回国際度量衡総会で，合理的で単純明解な単位系として六つの基本単位をベースとする国際単位系が提案された。国際単位系（Le Systeme International d'Unites）の略称で**SI 単位系**とよばれる。その後，物質量のモルが加えられ，現在，SI 単位系は，七つの**基本単位**，二つの**補助単位**，これらを組み合わせてつくる**組立単位**，および**接頭語**より構成される。**表 5.1** に SI 基本単位と補助単位を示した。

表 5.1　SI 単位系の基本単位と補助単位

	物理量	単位の名称		単位記号
基本単位	長　さ	メートル	(meter)	m
	質　量	キログラム	(kirogram)	kg
	時　間	秒	(second)	s
	電　流	アンペア	(ampere)	A
	温　度	ケルビン	(kelvin)	K
	物質量	モル	(mole)	mol
	光　度	カンデラ	(candela)	cd
補助単位	平面角	ラジアン	(radian)	rad
	立体角	ステラジアン	(steradian)	sr

　すべての物理量の単位は，七つの基本単位と，二つの補助単位の積や商により表現できる。このようにしてつくられた単位が組立単位である。面積の単位である m^2，体積の単位である m^3，速さの単位である m/s なども組立単位である。いくつかの組立単位については**表 5.2** に示すように固有の名称と記号が与えられている。表 5.2 には，組立単位を基本単位と補助単位で表現したものもあわせて示してある。

　SI 単位系では，原則として一つの物理量に一つの単位のみを使用する。その最大の特徴は，組立単位を誘導するのに単位換算（5.4 節参照）が必要ない

68   5. 単位計算の基礎

表5.2 固有の名称が与えられているおもなSI組立単位

物理量	SI単位の名称		単位記号	SI基本単位および補助単位による表現
力	ニュートン	(newton)	N	$m \cdot kg \cdot s^{-2}$
圧力，応力	パスカル	(pascal)	Pa	$m^{-2} \cdot kg \cdot s^{-2}$
エネルギー	ジュール	(joule)	J	$m^2 \cdot kg \cdot s^{-2}$
仕事率	ワット	(watt)	W	$m^2 \cdot kg \cdot s^{-3}$
電気量	クーロン	(coulomb)	C	$a \cdot A$
電圧，電位差	ボルト	(volt)	V	$m^2 \cdot kg \cdot s^{-3} \cdot A^{-1}$
電気抵抗	オーム	(ohm)	Ω	$m^2 \cdot kg \cdot s^{-3} \cdot A^{-2}$
電導度	ジーメンス	(siemens)	S	$m^{-2} \cdot kg^{-1} \cdot s^3 \cdot A^2$
電気容量	ファラッド	(farad)	F	$m^{-2} \cdot kg^{-1} \cdot s^4 \cdot A^2$
周波数	ヘルツ	(hertz)	Hz	s^{-1}

ことである。いくつか例を示そう。

$1\,kg$ の質量に $1\,m \cdot s^{-2}$ の加速度を生じさせる力 $= 1\,N$

$1\,m^2$ あたり $1\,N$ の力が作用しているときの圧力 $= 1\,Pa$

$1\,N$ の力を $1\,m$ の距離にわたって作用させるときの仕事 $= 1\,J$

このように，SI単位系では換算係数を考慮しなくてもよいという点が大きなメリットである。一方で，身のまわりでよく使われる物理量が，非常に大きな値になったり，逆に非常に小さな値になったりする場合がある。例えば，1気圧である $1\,atm$ を SI単位系で表現すると $101\,325\,Pa$ と非常に大きな数値になる。そこで，このような大きな数値や，逆に小さな数値には，**表5.3** に示

表5.3 SI単位系の接頭語

大きさ	接頭語		記号	大きさ	接頭語		記号
10^{-1}	デシ	(deci)	d	10^{1}	デカ	(deca)	da
10^{-2}	センチ	(centi)	c	10^{2}	ヘクト	(hecto)	h
10^{-3}	ミリ	(milli)	m	10^{3}	キロ	(kilo)	k
10^{-6}	マイクロ	(micro)	μ	10^{6}	メガ	(mega)	M
10^{-9}	ナノ	(nano)	n	10^{9}	ギガ	(giga)	G
10^{-12}	ピコ	(pico)	p	10^{12}	テラ	(tera)	T
10^{-15}	フェムト	(femto)	f	10^{15}	ペタ	(peta)	P
10^{-18}	アット	(atto)	a	10^{18}	エクサ	(exa)	E

5.3　単位計算の基本　　69

す 10 の累乗倍または 10 の累乗分の 1 を表す接頭語をつけて，簡潔に表現したり従来からなじみのある数値に近づけたりする工夫がされている。接頭語を用いると，1 atm は 0.1013 MPa（メガパスカル）や 1 013 hPa（ヘクトパスカル）のように表される。ただし，接頭語は，原則として組立単位の最初の単位記号にのみつけることができる。

5.3　単位計算の基本

5.3.1　物理量の表し方と計算の考え方

　すべての物理量は，「**数値×単位**」の形で表される。例えば，3 m という長さは，1 m という長さの 3 倍，という意味である。また，理工学でよく使われる物理量の単位は，**指数を含む分数式**の形で表すことができる（単位の換算は指数を含む分数計算と同じように扱うことができる）。

　物理量の加減乗除では，単位を代数学の変数と同様に扱うことができる。

　加減では，数値のみを足し引きし，単位はそのまま記せばよい。

$$20\,s + 10\,s = 30\,s$$

$$80\,kg - 15\,kg = 65\,kg$$

しかし，異なる物理量どうしの加減は意味をなさないことに注意する。

$$1\,kg + 5\,m = ??? \quad（「質量」と「長さ」を足し合わせることはできない）$$

$$60\,s - 15\,m/s = ??? \quad（「時間」から「速度」を差し引くことはできない）$$

　乗除では，数値と単位をそれぞれ掛け合わせるか，割る。

$$30\,m/s \times 60\,s = (30 \times 60) \times (m/s \times s) = 900\,m$$

$$1\,kmol \div 2\,m^3 = (1 \div 2) \times (kmol \div m^3) = 0.5\,kmol/m^3$$

また，同じ物理量で単位が異なる（比較の基準が異なる）ものが含まれている場合は，同じ単位に換算してから計算する。

$$1.8\,m + 350\,cm \rightarrow 1.8\,m + 3.50\,m = 5.3\,m$$

$$2.5\,min - 35\,s \rightarrow 150\,s - 35\,s = 115\,s$$

70   5. 単位計算の基礎

5.3.2 単位の換算

異なる単位系で表された物理量を比較するときには，単位をそろえる，すなわち単位を換算する必要がある。例えば，1 m = 100 cm であることは読者のだれもが知っているだろう。この等号関係を比で表したもの，すなわち $(100\,\mathrm{cm}/1\,\mathrm{m} = 100/1 \times [\mathrm{cm/m}] = 10^2$ は，"m" の単位を "cm" の単位変換するための**換算係数**とよばれる。単位の換算は，換算係数がわかっていれば，5.3.1 項に示した加減乗除のルールに従って実行することができる。

ある物理量を「単位 A」で測定したとき x 〔A〕という値であったとする。これを別の「単位 B」で表したい（A という基準で測った物理量を B という別の基準で表現したい）。同一の物理量を異なる基準（単位）で測定した場合，基準によって数値は異なっていてももともと同じものであるから，おたがいを等号（＝）で結ぶことができる。

（単位 A で測定した数値）×（単位 A）＝（単位 B で表現した数値）×（単位 B）

したがって，単位 A で測定した物理量を単位 B で測った物理量に換算する場合には，（単位 B で表現した数値）＝（単位 A で測定した数値）×（単位 A から単位 B への換算係数）と考えればよい。**表5.4** に，いくつかの物理量の単位換算表の例を示す。さらに多様な単位間での換算が必要な場合は，化学工学辞典などの参考書に詳しい単位換算表が記載されている。

表5.4 単位換算表

（a）長さ

m	in	ft
1	39.37	3.281
0.01	0.3937	0.03281
0.001	0.03937	0.003281
0.02540	1	0.08333
0.3048	12.00	1

（b）質量

kg	t	lb
1	0.001	2.205
0.001	1×10^{-6}	0.002205
1 000	1	2 205
0.4536	4.536×10^{-4}	1

1 μm ＝ 10^{-6} m
1 nm ＝ 10^{-9} m
1 Å　＝ 10^{-10} m

5.3 単位計算の基本　　71

表5.4　つづき

（c）　力

m·kg·s^{-2}(＝N)	kgf
1	0.1020
9.807	1
4.4482	0.4536

N はニュートンの略記号

（d）　圧　力

Pa	kgf·cm^{-2}	atm	lbf·in^{-2}(＝psi)
1	1.0197×10^{-5}	9.8692×10^{-6}	1.4504×10^{-4}
10^5	1.0197	0.98692	14.504
9.8067×10^4	1	0.96784	14.223
1.0133×10^5	1.0332	1	14.696
6.8948×10^3	0.070307	0.068046	1

Pa はパスカルの略記号，psi は pound per square inch の略

（e）　密　度

kg·m^{-3}	g·cm^{-3}	lb·ft^{-3}
1	0.001	0.06243
1 000	1	62.43
27 680	27.68	1 728
16.02	0.01602	1

水の4℃，15℃および20℃における密度は，それぞれ1 000.0，999.1および998.2 kg·m^{-3}である。

（f）　粘　度

N·s·m^{-2}(＝Pa·s)	P(＝g·cm^{-1}·s^{-1})
1	10
0.1	1
0.0002778	0.002778
1.4881	14.881

P はポアズの略記号

（g）　エネルギー

J(＝N·m) (＝10^7 erg)	kW·h	kcal	B.t.u.
1	2.778×10^{-7}	2.389×10^{-4}	9.480×10^{-4}
9.807	2.724×10^{-6}	0.002343	0.009296
1.356	3.766×10^{-7}	3.239×10^{-4}	0.001285
3.6×10^6	1	860	3 413
2.647×10^6	0.7355	632.5	2 510
2.685×10^6	0.7457	641.3	2 545
101.3	2.815×10^{-5}	0.02420	0.09604
4 186	0.001163	1	3.968
1 055	2.930×10^{-4}	0.2520	1

1 W·s＝1 J＝2.778×10^{-7} kW·h

1 cal　＝10^{-3} kcal

表中の熱量 cal，kcal および B.t.u. は，温度を指定しない場合の仕事当量の定義式による値。

72　　5. 単 位 計 算 の 基 礎

表5.4 つづき

（h）　仕事率・工率・動力・電力

W$(=$J$\cdot$s$^{-1})$	kW	kgf$\cdot$m$\cdot$s^{-1}	PS	kcal$\cdot$h^{-1}
1	0.001	0.1020	0.001360	0.8604
1 000	1	102.0	1.360	860.4
9.807	0.009807	1	0.01333	8.438
735.5	0.7355	75.00	1	632.8
1.162	0.001162	0.1185	0.001580	1

PS は仏馬力のこと。

（i）　熱伝導度

J$\cdot$m$^{-1}\cdot$s^{-1}K^{-1} ($=$W$\cdot$m$^{-1}\cdot$K^{-1})	kcal$_{IT}\cdot$m$^{-1}\cdot$h$^{-1}\cdot$℃$^{-1}$	B.t.u$\cdot$ft$^{-1}\cdot$h$^{-1}\cdot$°F^{-1}
1	0.8598	0.5778
1.1630	1	0.6719
1.7307	1.4882	1

（j）　伝熱係数

J$\cdot$m$^{-2}\cdot$s^{-1}K^{-1} ($=$W$\cdot$m$^{-2}\cdot$K^{-1})	kcal$_{IT}\cdot$m$^{-2}\cdot$h$^{-1}\cdot$℃$^{-1}$	B.t.u$\cdot$ft$^{-2}\cdot$h$^{-1}\cdot$°F^{-1}
1	0.8598	0.1761
1.163	1	0.2048
5.682	4.882	1

5.3.3　マスターしておきたい単位

　ここでは，生物化学工学の初学者に特にマスターしてもらいたい物理量（圧力，エネルギー，濃度，速度）の単位について，具体的な計算例もあわせてみてみることにしよう。

　〔1〕**圧　　　力**　　圧力は，「単位面積あたりに作用する力」である。圧力の単位は Pa（パスカル）である。力の単位は N（ニュートン）〔m$\cdot$kg/s^2〕であるから，Pa を基本単位で表すと〔N/m^2〕$=$〔kg/（m$\cdot$s^2）〕となる。SI 単位系でないものとしては，kg/cm^2，atm，mmHg（水銀柱ミリメートル，ミリメートル水銀などと読む）などがよく用いられる。101 325 Pa $=$ 1 atm $=$ 760 mmHg の関係がある。

5.3 単位計算の基本　73

【例題5.1】　標準大気圧は，「国際標準重力加速度（$g = 9.80665\,\mathrm{m/s^2}$）の地点で温度が$273.15\,\mathrm{K}$（$0\,℃$）のとき，$0.76\,\mathrm{m}$の水銀柱を支持するのに要する圧力」と定義されている。水銀の密度$1.35951 \times 10^4\,\mathrm{kg/m^3}$を用いて標準大気圧をSI単位のPaで表せ。

解答　定義より，標準大気圧は高さ$0.76\,\mathrm{m}$の水銀柱の下面にかかる圧力と一致する。単位面積（$\mathrm{m^2}$）あたりの水銀の質量は水銀の密度に水銀柱の高さを掛けると求まるから，$0.76\,\mathrm{m} \times 1.35951 \times 10^4\,\mathrm{kg/m^3} = 1.03323 \times 10^4\,\mathrm{kg/m^2}$となる。水銀柱の下面にかかる力は「質量×重力加速度」で求められるから，単位面積あたりの力すなわち圧力は「単位面積あたりの水銀柱の質量×重力加速度」で求められる。

$$1.03323 \times 10^4\,\mathrm{kg/m^2} \times 9.80665\,\mathrm{m/s^2} = 1.01325 \times 10^5\,\mathrm{kg/(m \cdot s^2)}$$
$$= 1.01325 \times 10^5\,\mathrm{m \cdot kg/(s^2 \cdot m^2)}$$
$$= 1.01325 \times 10^5\,\mathrm{N/m^2}$$
$$= 1.01325 \times 10^5\,\mathrm{Pa} \qquad （答）$$

〔2〕　**エネルギー**　ある物体がほかの物体に対して仕事をすることができる状態であるとき，この物体はエネルギーをもっている，という。すなわち，エネルギーは，物体に蓄えられている「仕事をする能力」を示すものである。エネルギーには運動エネルギー，仕事，熱エネルギー，電気エネルギーなど多様な形態がある。速度v〔m/s〕で運動する質量m〔kg〕の質点の運動エネルギーEは，$E = mv^2/2$で与えられ，その単位は〔kg〕×〔m/s〕×〔m/s〕で〔$\mathrm{kg \cdot m^2/s^2}$〕となる。〔$\mathrm{kg \cdot m^2/s^2}$〕＝〔$\mathrm{m \cdot m \cdot kg/s^2}$〕＝〔$\mathrm{m \cdot N}$〕＝〔J〕であるから，運動エネルギーの単位は〔J〕であることがわかる。$1\,\mathrm{N}$の力で物体を$1\,\mathrm{m}$動かす仕事は，$1\,\mathrm{N} \times 1\,\mathrm{m} = 1\,\mathrm{m \cdot N} = 1\,\mathrm{J}$であり，やはり単位は〔J〕である。質量$m\,\mathrm{kg}$の荷物を重力に逆らって$h$〔m〕もち上げるときの仕事は$mgh$で表されるから，$m$〔kg〕×$g$〔$\mathrm{m/s^2}$〕×$h$〔m〕で単位は〔$\mathrm{kg \cdot m^2/s^2}$〕＝〔J〕である。熱エネルギー（熱量）の単位もまた〔J〕である。このように，すべてのエネルギーは〔J〕の単位で表すことができる。

【例題5.2】　床に置いてある$25\,\mathrm{L}$の水を高さ$75\,\mathrm{cm}$の机の上にくみ上げるのに必要な仕事を求めよ。ただし水の密度は$1.0 \times 10^3\,\mathrm{kg/m^3}$，重力加速度$g = 9.8\,\mathrm{m/s^2}$とする。

74   5. 単位計算の基礎

解答 $25\,\mathrm{L}=0.025\,\mathrm{m}^3$ なので，水 25 L の質量は $0.025\,\mathrm{m}^3\times1.0\times10^3\,\mathrm{kg/m}^3=$ $25\,\mathrm{kg}$。$75\,\mathrm{cm}=0.75\,\mathrm{m}$ だから，（仕事）$=mgh$ より

$$25\,\mathrm{kg}\times9.8\,\mathrm{m/s}^2\times0.75\,\mathrm{m}=184\,\mathrm{kg\cdot m}^2/\mathrm{s}^2=184\,\mathrm{J} \qquad\qquad\text{（答）}$$

【例題 5.3】 20 ℃の水 1 800 L を加熱して 80 ℃にしたとき，水が吸収した熱エネルギーの総量はいくらか。ただし水の密度は $1.0\times10^3\,\mathrm{kg/m}^3$，水の比熱は $4.2\,\mathrm{kJ/(kg\cdot K)}$ とし，水から外部への熱の移動は無視できるものとする。

解答 20 ℃から 80 ℃に加熱したので，増加した水の温度は $(273.15+80)-$ $(273.15+20)=60\,\mathrm{K}$。$1\,800\,\mathrm{L}=1.8\,\mathrm{m}^3$ なので，水 1 800 L の質量は $1.8\,\mathrm{m}^3\times1.0\times$ $10^3\,\mathrm{kg/m}^3=1\,800\,\mathrm{kg}$。したがって，1 800 kg の水の温度を 60 K 上げるのに必要な熱エネルギーの総量は

$$1\,800\,\mathrm{kg}\times60\,\mathrm{K}\times4.2\times10^3\,\mathrm{J/(kg\cdot K)}$$
$$=4.54\times10^8\,\mathrm{J}=4.54\times10^2\,\mathrm{MJ} \qquad\qquad\text{（答）}$$

〔**3**〕 **濃　度**　　一定量の液体や気体中に存在するある成分の量を，濃度という。ここでは，溶液の濃度としてよく使われる単位について説明する。溶液作製時の計量のしやすさなどから，SI 単位系でない単位の表記が使われることも多いので，実際に計算練習をして十分慣れておくことが大切である。

a）モル濃度　　溶液 1 L 中に溶解している溶質の物質量。容量モル濃度とよばれる場合もある。単位は〔mol/L〕。1 文字で M（モラーと読む）と表す場合もある（〔M〕$=$〔mol/L〕）。$1\,\mathrm{L}=1\times10^{-3}\,\mathrm{m}^3$ であるから，SI 単位系では，$1\,\mathrm{mol/L}=1\times10^3\,\mathrm{mol/m}^3=1\,\mathrm{kmol/m}^3$ となる。モル濃度は，溶液中に溶解している溶質の物質量を，溶液の体積（溶媒の体積でないことに注意）で割ることで計算される。5.0 L の水溶液中に 3.0 mol の塩化ナトリウムが溶解している場合

$$3.0\,\mathrm{mol}\div5.0\,\mathrm{L}=(3.0\div5.0)\times(\mathrm{mol}\div\mathrm{L})=0.6\,\mathrm{mol/L}$$

となる。

【例題 5.4】 塩化ナトリウム 1.17 g を量りとり，水に溶かして溶液の体積を 200 mL にした。この水溶液のモル濃度を求めよ。

5.3　単位計算の基本　　75

解答　原子量を Na＝23.0，Cl＝35.5 とすると，塩化ナトリウム 1.17 g は 1.17÷(23.0＋35.5)＝0.02 mol。200 mL＝0.2 L だから

$$0.02\,\text{mol} \div 0.2\,\text{L} = 0.1\,\text{mol/L} \qquad \text{（答）}$$

【例題 5.5】　0.5 mol/L のグルコース水溶液を 500 mL 作製するために必要なグルコースの質量を求めよ。

解答　溶液のモル濃度〔mol/L〕に溶液の体積〔L〕を掛けると，その体積の溶液中に溶けている溶質の物質量〔mol〕になる。物質量に分子量を掛ければ質量が求まるから，0.5 mol/L のグルコース水溶液を 500 mL（＝0.5 L）作製するために必要なグルコース（$C_6H_{12}O_6$，180 g/mol）の質量は

$$0.5\,\text{mol/L} \times 0.5\,\text{L} \times 180\,\text{g/mol} = 45\,\text{g} \qquad \text{（答）}$$

b）　質量モル濃度　　溶媒 1 kg 中に溶解している溶質の物質量。単位は〔mol/kg〕。凝固点降下や沸点上昇の計算でよく用いられる。溶液中に溶解している溶質の物質量を，溶媒の質量（溶液の質量でないことに注意）で割ることで計算される。水 3.0 kg にグルコースを 1.5 mol 溶かして作製した水溶液の質量モル濃度は

$$1.5\,\text{mol} \div 3\,\text{kg} = (1.5 \div 3.0) \times (\text{mol} \div \text{kg}) = 0.5\,\text{mol/kg}$$

となる。

【例題 5.6】　水 200 g に塩化ナトリウム 23.4 g を溶かして作製した水溶液の質量モル濃度を求めよ。

解答　原子量を Na＝23.0，Cl＝35.5 とすると，塩化ナトリウム 23.4 g は 23.4÷(23.0＋35.5)＝0.4 mol。200 g＝0.2 kg だから

$$0.4\,\text{mol} \div 0.2\,\text{kg} = 2.0\,\text{mol/kg} \qquad \text{（答）}$$

【例題 5.7】　質量モル濃度 0.2 mol/kg のグリセリン（$C_3H_8O_3$，92.1 g/mol）水溶液 500 g 中に溶けているグリセリンの質量を求めよ。

解答　溶けているグリセリンの物質量を m〔mol〕，質量を w〔g〕とおく。溶媒の質量は溶液の質量から溶けているグリセリンの質量を引けば求まるから，溶媒の質量は $500-w$〔g〕と書け，kg に換算すると $(500-w) \div 1\,000$〔kg〕と書ける。したがってこの水溶液の質量モル濃度は $m \div \{(500-w) \div 1\,000\}$〔mol/kg〕と書ける。質量を分子量で割れば物質量となるから，$m = w \div 92.1$ より

76   5. 単位計算の基礎

$(w \div 92.1) \div \{(500 - w) \div 1\,000\} = 0.2$

を満たす w を求めると，$1\,000\,w = 0.2 \times 92.1 \times (500 - w)$ より

$w = 0.2 \times 92.1 \times 500 \div (1\,000 + 0.2 \times 92.1) = 9.04\,g$ （答）

c ）質量パーセント濃度   溶液の質量に対する溶質の質量の百分率。単位は〔%〕。質量基準であることを明示する目的で〔%（w/w）〕や〔wt%〕などの表記が使われる場合もある。溶液中に溶解している溶質の質量を，溶液の質量（＝溶質の質量＋溶媒の質量）で割って 100 を掛けることで計算される。水 100 g にグルコース 18 g を溶かして作製した水溶液の質量パーセント濃度は

$18\,g \div (18\,g + 100\,g) \times 100 = 15.3\%$

となる。

なお，培地の作製などでは，常温での水の密度を 1.0〔g/mL〕とみなして，水 100 ml あたりに添加した培地成分質量の百分率を%〔w/v〕で表した濃度を使用する場合もある。厳密ではないが，培地成分の濃度が高濃度である場合はまれであるため生じる誤差はわずかであり，計算レシピを単純化する近似として便利である。

【例題 5.8】   質量パーセント濃度 7 %のスクロース水溶液を 500 g 作製するのに必要なスクロースと水の質量をそれぞれ求めよ。

解答   必要なスクロースの質量を w〔g〕とおくと必要な水の質量は $500 - w$〔g〕と書ける。$w \div 500 \times 100 = 7$〔%〕となる w を求めると

$w = 7 \times 500 \div 100 = 35$〔g〕

よって必要なスクロースの質量は 35 g，必要な水の質量は 465 g となる。   （答）

【例題 5.9】   質量パーセント濃度 10 %のグルコース水溶液の質量モル濃度を求めよ。

解答   質量パーセント濃度 10 %のグルコース水溶液 100 g 中には，グルコース 10 g と水 90 g が含まれる。質量モル濃度は，溶媒 1 kg（＝1 000 g）中に溶解している溶質の物質量だから，1 kg の水に同濃度で溶解しているグルコースの質量を w とすると

$10 \div 90 = w \div 1\,000$

より

5.3 単位計算の基本 77

$w = 111$ 〔g〕

グルコースの分子量は 180 なので，$111 \div 180 = 0.617\,mol$ のグルコースに相当する。したがって，求める質量モル濃度は $0.617\,mol/kg$ となる。 (答)

〔4〕 **速 度** 　身のまわりで起こる変化には，さまざまな速度が関与している。速度は「単位時間あたりに変化する物理量」を表したものである。例えば，物体の移動速度は「単位時間あたりに物体が移動する距離」を表し，長さ（距離）÷時間で求められる。この場合の速度の単位は，〔m/s〕となる。600 メートル進むのに 5 分間（300 秒）を要した場合，平均の移動速度は

$$600\,m \div 300\,s = (300 \div 600) \times (m \div s) = 2\,m/s$$

となる。

　流体が流れる速度については，「単位時間あたりに流れた流体の体積〔m³/s〕」（体積流量）や，「単位時間あたりに流体が流路内を移動する距離〔m/s〕」（線流速，線速度）などがよく用いられる。線流速は，体積流量〔m³/s〕を流路の断面積〔m²〕で割ったものである。直径 0.15 m のパイプに 10 分間（600 秒）で 90 m³ の水を送り込む場合，体積流量は

$$90\,m^3 \div 600\,s = (90 \div 600) \times (m^3 \div s) = 0.15\,m^3/s$$

となる。また，線速度は，体積流量をパイプの断面積（$= \pi \cdot (\text{直径} \div 2)^2$）で割って

$$0.15\,m^3/s \div (3.14 \times (0.15 \div 2)^2)\,m^2$$
$$= (0.15 \div 0.0177) \times (m^3/s \div m^2) = 8.5\,m/s$$

となる。

　化学反応の速度も同様に，「単位時間あたりに生成（または消失）した物質量」で表すことができる。ただし，単に物質量だけの変化を表すと，まったく同じ反応を小さな容器（試験管など）と大きな容器（発酵タンク）で行った場合に，大きな容器のほうが速度が大きいことになってしまう。そこで，通常，単位体積あたりの物質量すなわち**濃度の時間変化**を**反応速度**として扱う。反応速度の単位は〔mol/(L·s)〕のほか，質量基準で〔kg/(m³·s)〕なども用いられる。ある化学反応によって生成物の濃度が 100 秒間に 0.25 mol/L 増加した

78 　5. 単 位 計 算 の 基 礎

場合，100 秒間の平均の反応速度は

$$0.25\,mol/L \div 100\,s = (0.25 \div 100) \times (mol/L \div s)$$
$$= 2.5 \times 10^{-3}\,mol/(L\cdot s)$$
$$= 2.5\,mmol/(L\cdot s)$$

のように表せる。

【例題5.10】 車に乗ってドライブに出かけた。自宅を出てから，36 km 先の目的地に到着するまでに 54 分を要した。このとき，自宅から目的地に至るまでの平均時速を求めよ。

[解答] 54 分は 0.9 時間であるから，平均時速は

$$36\,km \div 0.9\,h = 40\,km/h \tag{答}$$

【例題5.11】 濃度 0.5 mol/L の化合物 A の水溶液がある。この水溶液に触媒を加えると A の分解反応が進行し，触媒を加えてから 10 分後の A の濃度を測定したところ，0.2 mol/L であった。このとき，10 分間の平均の反応速度を求めよ。

[解答] 10 分間の反応で A の濃度が 0.5 mol/L から 0.2 mol/L に減少したから，10 分間（600 秒間）の平均の反応速度は

$$(0.5\,mol/L - 0.2\,mol/L) \div 600\,s = 5.0 \times 10^{-4}\,mol/(L\cdot s) \tag{答}$$

コラム **意外に使える「ざっくり計算」**

半径 r の球の体積が $(4/3)\pi r^3$ で求まることはよく知っているだろう。この式から，球の半径が 10 分の 1 になれば体積は 10^3 分の 1，半径が 100 分の 1 になれば体積は 10^6 分の 1 になることがわかる。

身長 170 cm，体重 60 kg のヒトが膝を抱えて体をぎゅっと丸くすると，これを球に見立てた半径はおよそ 30 cm 弱くらいになるだろうか。ここで，ヒトの細胞の直径を 10 μm（$1\,\mu m = 10^{-6}\,m = 10^{-4}\,cm$）程度と考えると，細胞 1 個の体積は，球の体積の計算式から，膝を抱えて丸まっているヒトの体積の 10^{13} 分の 1 ～ 10^{14} 分の 1 程度と予想される。ヒトはざっと 10^{13} ～ 10^{14} 個（およそ数十兆個）の細胞の塊というわけである。

今度は，直径 10 μm の細胞を密度 1 g/cm^3 の球と仮定し，その体積から質量を計算すると 10^{-9} g 弱の値になる。したがって，体重 60 kg$= 6\times10^4$ g のヒトの

場合，細胞 1 個の質量はやはり体重の 10^{13} 分の 1 〜 10^{14} 分の 1，すなわち数十兆分の 1 程度に相当すると予想される。

ところで，2013 年に発表された研究論文によると，文献データと数学処理により推定されたヒトの細胞数は 3.72×10^{13} 個（約 37 兆個）だという。上記のようなざっくりした計算でもなかなかそれらしい数字になっているではないか。おおよその数値を見積もる「ざっくり計算」も，なかなかあなどれないものである。

-------------------------------- 演 習 問 題 --------------------------------

【5.1】 気体定数 R は，体積を〔L〕，圧力を〔atm〕の単位で表すと $0.082 \, \text{L·atm}/(\text{mol·K})$ である。R を SI 単位系で表すと，数値と単位はどのようになるか示せ。

【5.2】 $0.15 \, \text{mol/L}$ の塩化ナトリウム水溶液の密度が $1.01 \, \text{g/L}$ であるとするとき，この溶液の濃度を重量モル濃度および質量パーセント濃度で表せ。

【5.3】 水 100 mL とエタノール 15 g を混合した。この溶液におけるエタノールのモル濃度，質量モル濃度，質量パーセント濃度を求めよ。ただし，水の密度は $1.0 \times 10^3 \, \text{kg/m}^3$，エタノールの密度は $7.9 \times 10^2 \, \text{kg/m}^3$ とし，混合後の液体の体積はそれぞれの液体の体積の和と一致するものとする。

【5.4】 質量パーセント濃度 1.0% のグルコース水溶液 100 g に質量パーセント濃度 1.0% のスクロース水溶液を 150 g 加えて混合水溶液をつくった。
（1） この混合溶液中のグルコースおよびスクロースの質量パーセント濃度をそれぞれ求めよ。
（2） この混合溶液をしばらく放置したところ，水の一部が蒸発し，混合溶液の体積が 190 mL になった。このとき，グルコースおよびスクロースのモル濃度はそれぞれいくらになっているか。

【5.5】 水溶液中で進行する $2A + B \rightarrow C$ という反応がある。$0.5 \, \text{mol/L}$ の A の水溶液 500 mL に B を 0.15 mol 加えて反応を行ったところ，1 800 秒後に成分 A が完全に消費され反応が終了した。
（1） 反応終了時の成分 B および C の濃度をそれぞれ求めよ。ただし，B の添加による溶液の体積変化は無視できるとする。
（2） この反応中における成分 A および B の平均の消費速度を求めよ。

<table>
<tr><td>**6**章</td><td>物質・エネルギー収支計算の
基礎</td></tr>
</table>

◆ 本章のテーマ

　本章では物質やエネルギーが関わるさまざまな変化を定量的に取り扱うために必要な「収支」の考え方を学ぶ。収支を表す英単語は balance（バランス）である。収支を調べるということは，ある対象について物質やエネルギーの出入り（バランス）を把握し，そこで起こっている変化を定量的に（数式を使って）表現するということである。フラスコや試験管，培養タンクのなかで起こっているさまざまな変化を定量的に表現することは，現象の「仕組み」を理解するうえできわめて強力なツールとなる。前章で濃度や速度といった物理量の表し方をしっかり押さえたら，量と量の関係を数式で表現する準備はできている。収支計算の基本をマスターすれば，本書で登場する数式の意味を理解しやすくなるだけでなく，基本的な前提知識をもとにして自分自身で数学モデルを組み立てることもできるようになる。ちょっとしたコツさえつかめば，苦手に思えた数式もじつは「敵」ではなく，私たちにいろいろなことを教えてくれる「味方」だということに気づくだろう。数式なんてちっとも怖くないのだ。

◆ 本章の構成（キーワード）

6.1　収支とはなにか
　　　収支の概念，収支式

6.2　保存則と収支式の考え方
　　　保存則，収支式のつくり方

6.3　エネルギー収支
　　　エネルギー保存則，熱流束

6.4　物質収支
　　　質量保存の法則，物質量流束

6.5　物質収支・エネルギー収支と生物化学量論
　　　化学量論式，化学量論係数，元素収支

◆ 本章で知ってほしいこと（チェックポイント）

☐　現象を定式化する際には，エネルギーや物質の収支を考える必要があること。

☐　収支式の基本形は「蓄積量＝流入量－流出量±変化量」で表されること。

☐　化学量論式は化学変化における収支計算の基礎になること。

6.1 収支とはなにか

収支（balance）の身近な例は，家計におけるお金の収支だろう。1人暮らしをしている学生のA君の例を見てみよう（**表6.1**）。

表6.1 A君の1か月の収入と支出

収　入		支　出	
費　目	金額〔円〕	費　目	金額〔円〕
仕送り	70 000	家　賃	58 000
奨学金	25 000	食　費	28 000
アルバイト	28 000	携帯電話代	8 000
		教科書・書籍代	3 000
		交通費	4 000
		交遊費	12 000
		その他雑費	8 000
収入計	123 000	支出計	121 000

収入は実家からの仕送り 70 000 円，奨学金 25 000 円，カラオケ店でのアルバイト代 28 000 円の合計 123 000 円である。支出は家賃 58 000 円，食費 28 000 円，携帯電話代 8 000 円，教科書・書籍代 3 000 円，交通費 4 000 円，交遊費 12 000 円，その他雑費 8 000 円で，合計 121 000 円である。これらの差額，すなわち

収入 − 支出 = 123 000 円 − 121 000 円 = 2 000 円

が月々の貯蓄になる。長期休みに友人と旅行を計画している A 君は，あと 3 か月で 15 000 円の貯蓄上乗せを目指している。つまり，1 か月あたり 5 千円というのが目標の貯蓄額である。現状の収支をふまえると，収入を増やすか，支出を減らすか，あるいはその両方を達成しないと，目標額に到達できないことは明確である。これが収支を考えるということである。

現実に起こっているさまざまな現象は，エネルギーや物質のやり取り（吸

収，輸送，変換など）を経ながら進行している。これらの現象を定量化し，解析し，目的のパフォーマンスを実現するためには，対象となる「系」での**エネルギー収支**（energy balance）や**物質収支**（mass balance）を定式化することが重要である。エネルギーや物質の収支を式として表したものを**収支式**とよぶ。以下の項では，収支式の基礎となる保存則と，これに基づく収支式のつくり方を見てみよう。

6.2 保存則と収支式の考え方

6.2.1 保 存 則

収支式の基礎になっているのは，**保存則**（conservation law）である。私たちの身のまわりのエネルギーや物質は，姿を変えることはあっても，消えてなくなることはない，という原則である。

保存則の例として，火力発電を考えてみよう。火力発電は，石油や石炭などの化石燃料がもつ化学エネルギーを電気エネルギーに変換する操作である。燃料の燃焼熱を利用してボイラーを稼働し，発生した水蒸気の圧力を利用してタービンを回す。この動力を利用して発電機を動かし，電気エネルギーを得る。現在稼働している一般的な火力発電所における発電効率は，およそ 40 ％程度である。燃やした化石燃料の化学エネルギーのうち，40 ％分を電気エネルギーとして取り出せた，ということである。では，残り 60 ％の化学エネルギーは消えてなくなってしまったのだろうか？ そうではない。この 60 ％分は電気エネルギーにはならず，熱エネルギーになって発電所外に放出されたのである。例えば，タービンを回した後の熱い水蒸気は，海水で冷やされ凝縮し，再びボイラーへと戻される。水蒸気を冷やす際に海水が温められ，熱エネルギーは発電所外に逃げていく。結局，化石燃料の化学エネルギーは，電気エネルギーと熱エネルギーに変換され，その総量は発電に使用した燃料の化学エネルギーと一致する。つまり発電の前後でエネルギーは失われてはいない。これが「エネルギーは保存される」というエネルギー保存則の一例である。

6.2 保存則と収支式の考え方　　83

　工学を学ぶうえでは，三つの保存則を知る必要がある。**エネルギー保存則**，
質量保存則，**運動量保存則**である。ここでは，エネルギー保存則と質量保存則
に基づき，エネルギー収支式と物質収支式のつくり方について詳しくみていく
ことにする。

6.2.2　収支式のつくり方

　収支を考える対象を「系」とよぶことにしよう。先の A 君の例では，A 君
の財布に入るお金，財布から出ていくお金，財布に残るお金を考えた。このと
き，A 君の財布を，収支を考える「系」とし，その「系」に出入りするお金に
注目して収支を考えた（もちろん，この場合は，銀行口座やタンスの引き出し
を「系」と考えてもまったく問題ない）。収支の基本は，物質やエネルギーは
形を変えてもなくならないという保存則である。注目する系を基準にしてある
物理量（エネルギー，物質量，運動量など）の出入りを考えた場合，保存則が
成り立っている限り，系に入ってくる物理量，系から出ていく物理量，系内で
変化する物理量，系内にとどまる物理量の総量は変わらないことになる。お金
の例では，火災や水害などの天災またはお札をうっかりポケットに入れたまま
洗濯してしまうなどの理由によってお金が物理的に消失してしまわない限り，
あるいはアパートの床下から江戸時代の埋蔵小判が発掘されるなどしない限り

　　　　（貯蓄）＝（収入）−（支出）　　　　　　　　　　　　　　　　　(6.1)

の関係が成り立つはずである。この考え方をエネルギー，物質量，運動量など
の物理量に拡張すると

　　　　（系内に蓄積される物理量）

　　　　＝（系に流入する物理量）−（系から流出する物理量）

　　　　　±（系内で変化する物理量）　　　　　　　　　　　　　　　　(6.2)

と表される。これが収支式の基本形である（**図 6.1**）。「系内で変化する物理
量」とは，反応で生成・消失する成分や，反応や相変化に伴い吸収・放出され
る熱などを指し，変化の方向に応じて＋か−の適切な符号をつけて表現する。
この収支式の基本形をもとに，対象とする系での物質の出入りを丁寧に検討し

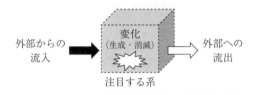

図6.1 収支式の基本形

ていけば，収支式ができあがる，というわけである．まさに収支式をつくることは，物理量の出入りのバランス（＝収支）を式で表現することなのである．収支式中の各項は，同じ単位で表さなくてはならないことに注意しよう（そうでないと足し合わせたり差し引いたりできない）．巻末の引用・参考文献で紹介した参考書[1]には，収支式の構成要素を覚えるためのユニークな方法が挙げられている．

6.3 エネルギー収支

エネルギー保存則とは，「エネルギーの形態が変わっても，エネルギーの総量は変化しない」という法則である．5.3.3項〔2〕で述べたように，エネルギーには多様な形態がある．しかしいずれのエネルギー形態であっても，その量は等価であり，いずれも〔J〕の単位を使って表すことができる．いずれも同じ単位で表せるので，エネルギーどうしは足したり引いたりすることができる．収支式の基本形である式（6.2）にあてはめると，つぎのようになる．

（系に蓄積するエネルギー）〔J〕
＝（系に流入するエネルギー）〔J〕－（系から流出するエネルギー）〔J〕
　±（系内で変化するエネルギー）〔J〕　　　　　　　　　　　　　(6.3)

ある空間（＝注目する系）での熱エネルギー収支を考える場合，式（6.3）はつぎのように表される．

$$\Delta Q = Q_{in} - Q_{out} \pm Q_r \tag{6.4}$$

ここで，ΔQ〔J〕は系内に蓄積した熱エネルギー，Q_{in}〔J〕は系に流入する熱エネルギー，Q_{out}〔J〕は系から流出する熱エネルギー，Q_r〔J〕は系内の成分の反応などにより放出または吸収される熱エネルギーである．つぎに，流れ（気体や液体の動き，11章参照）のない空間内に定義された系（**図6.2**）について，それぞれの要素を式で表してみよう．

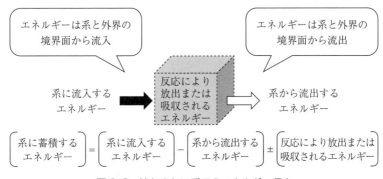

図6.2 流れのない系でのエネルギー収支

〔1〕**系に蓄積する熱エネルギー：ΔQ** 熱エネルギーを受け取った（吸収した）物体の温度は上昇するから，系内に蓄積する熱エネルギー量を系の温度変化と関連づけて考えると

(系に蓄積する熱エネルギー)〔J〕
= (温度変化)〔K〕×(密度)〔kg/m³〕
  ×(比熱)〔J/(kg・K)〕×(体積)〔m³〕

(6.5)

すなわち，温度変化を ΔT〔K〕，密度を ρ〔kg/m³〕，比熱を C_p〔J/(kg・K)〕，体積を V〔m³〕とすると

$$\Delta Q = \Delta T \, \rho \, C_p \, V \tag{6.6}$$

と表せる（両辺の単位がそろっていることを確認せよ）．きわめて微小な時間内での微小な温度変化を考える場合，ある時間 t における温度を $T(t)$ のように表すと，温度の変化速度は微分量としてつぎのように表せる．

86   6. 物質・エネルギー収支計算の基礎

$$（温度の変化速度）[K/s] = \lim_{\Delta t \to 0} \frac{T(t + \Delta t) - T(t)}{\Delta t} = \frac{dT}{dt} \tag{6.7}$$

したがって以下のように表せる。

$$\Delta Q = \frac{dT}{dt} \, dt \, \rho \, C_p \, V \tag{6.8}$$

〔2〕 **系に流入する熱エネルギー：Q_{in}**　　　熱エネルギーは物体の表面から物体の内部あるいは外部へと伝わっていく。単位面積，単位時間あたりに移動する熱エネルギーの量を**熱流束**（heat flux）とよぶ（9章参照）。ここで流「速」ではなく流「束」であることに注意する。系に流入する熱エネルギーは（面積）×（流入する熱流束）×（時間）で表せるから，エネルギーが流入する面積を$A_{in}[m^2]$，流入する熱流束を$q_{in}[J/(m^2 \cdot s)]$とおくと以下となる。

$$Q_{in} = A_{in} \, q_{in} \, dt \tag{6.9}$$

〔3〕 **系から流出する熱エネルギー：Q_{out}**　　　〔2〕と同様に，系から流出する熱エネルギーは（面積）×（流出する熱流束）×（時間）で表せるから，エネルギーが流出する面積を$A_{out}[m^2]$，流出する熱流束を$q_{out}[J/(m^2 \cdot s)]$とおくと以下となる。

$$Q_{out} = A_{out} \, q_{out} \, dt \tag{6.10}$$

〔4〕**系内で変化する熱エネルギー：Q_r**　　　例えば，発熱反応や吸熱反応のように，反応に伴って系を構成する物質がエネルギーを放出したり吸収したりする場合，系内で変化する熱エネルギーはつぎのように表すことができる。

$$Q_r = V \, \Delta H \, r \, dt \tag{6.11}$$

ここで，$r[mol/(m^3 \cdot s)]$は反応速度（5.3.3項〔4〕），$\Delta H[J/mol]$は反応によるエンタルピー変化である。

　式（6.8）～（6.11）を式（6.4）に代入して整理すると，熱エネルギーの収支式として次式を得る。

$$\rho \, C_p \, V \frac{dT}{dt} = A_{in} \, q_{in} - A_{out} \, q_{out} \pm V \, \Delta H r \tag{6.12}$$

反応によるエネルギーの変化がない場合は，式（6.12）はつぎのようになる。

$$\rho C_p V \frac{dT}{dt} = A_{in} q_{in} - A_{out} q_{out} \tag{6.13}$$

【例題6.1】 半径 2.5 cm，高さ 18 cm の円筒型の保温水筒に 95 ℃ のジャスミン茶を満たし，密閉した。この水筒を室温で 6 時間放置した後，ジャスミン茶の温度を測ったところ 68 ℃ であった。この 6 時間における，水筒表面からの熱流束の平均値を求めよ。ただし，水筒本体の厚みは無視できるものとする。また，ジャスミン茶の密度および比熱はそれぞれ 1.0×10^3 kg/m^3 および 4.2×10^3 J/(kg·K) とし，温度によらず一定とする。

解答 問題の状況を**図 6.3** に示す。

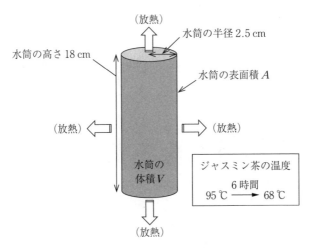

図 6.3 水筒に入ったジャスミン茶が冷める様子

この問題では，水筒外部からの熱の流入と反応による水筒内のエネルギー変化は考えなくてよいので，式(6.12)の $A_{in} q_{in}$ と $V \Delta H r$ の項をそれぞれゼロとおくとつぎのようになる。

$$\rho C_p V \frac{dT}{dt} = -A_{out} q_{out}$$

左辺は水筒内のジャスミン茶の熱エネルギーの変化速度，右辺は水筒表面から外部への熱エネルギーの放出速度である。この式より，ある時間放置した後のエネルギー収支は，次式で表される。

$$\rho C_p V \Delta T = -A_{out} q_{out} \Delta t$$

88   6. 物質・エネルギー収支計算の基礎

ここで，ΔT は所定時間放置後の水筒内の温度変化（$dT/dt\ \Delta t$），Δt は放置時間を示す。この式より，求める熱流束 q_{out} は，次式で計算される。

$$q_{out} = -\frac{\rho C_p\ V\ \Delta T}{A_{out}\ \Delta t}$$

水筒の形状から

円筒の体積 $V =$（水筒内部の底面積）×（水筒内部の高さ）

$= (2.5)^2 \times \pi \times 18 = 353\ \mathrm{cm}^3 = 3.53 \times 10^{-4}\ \mathrm{m}^3$

放熱部の表面積 $A_{out} =$（水筒内部の表面積）

$=$（断面面積×2）+（側面積）

$= (2.5)^2 \times \pi \times 2 + 4 \times \pi \times 2.5 \times 18$

$= 605\ \mathrm{cm}^2 = 6.05 \times 10^{-2}\ \mathrm{m}^2$

と計算される。したがって，求める熱流束はつぎのようになる。

$$q_{out} = -\frac{\rho C_p\ V\ \Delta T}{A_{out}\ \Delta t}$$

$$= \frac{-\left(1.0 \times 10^3\ \mathrm{kg/m}^3 \times 4.2 \times 10^3\ \mathrm{J/(kg \cdot K)} \times 3.53 \times 10^{-4}\ \mathrm{m}^3 \times -27\ \mathrm{K}\right)}{6.05 \times 10^{-2}\ \mathrm{m}^2 \times 6\ \mathrm{h} \times 3\,600\ \mathrm{s}}$$

$$= 30.6\ \mathrm{J/(m}^2 \mathrm{\cdot s)} \tag{答}$$

6.4 物 質 収 支

アルコール発酵によるグルコースからのエタノール生成反応は次式で表される。

$$C_6H_{12}O_6 \rightarrow 2C_2H_5OH + 2CO_2 \tag{6.14}$$

このとき，反応によりグルコースはエタノールと二酸化炭素になるが，元素としての C の質量および O の質量（物質量も同様）は反応の前後で変化しない。物質もまたエネルギーと同様に，さまざまな変化によりその形を変えてもその総量は変わらず保存される。これが質量保存の法則である。

ある系において，注目する成分の物質収支は，収支式の基本形である式 (6.2) にあてはめるとつぎのように表される。

$$\Delta m = m_{in} - m_{out} \pm m_r \tag{6.15}$$

ここで，Δm〔mol〕は系内に蓄積した物質量，m_{in}〔mol〕は系に流入する物

質量，m_{out}〔mol〕は系から流出する物質量，m_r〔mol〕は系内の成分の反応などにより生成または消失する物質量である。前節にならい，まず，流れのない系（**図6.4**）について式（6.14）の各要素を式で表してみよう。

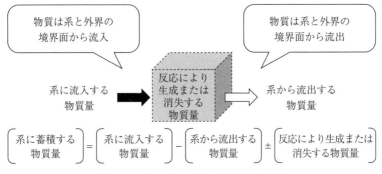

図6.4 流れのない系における物質収支

〔1〕 **系内に蓄積する物質量：Δm**　　系内に蓄積する物質量〔mol〕は，体積〔m³〕×濃度の時間変化〔mol/(m³·s)〕×時間〔s〕で表される。ある時間 t における濃度を $C(t)$ のように表すと，濃度の時間変化は微分量としてつぎのように表せる。

$$濃度の時間変化〔\mathrm{mol/(m^3 \cdot s)}〕 = \lim_{\Delta t \to 0} \frac{C(t+\Delta t) - C(t)}{\Delta t} = \frac{dC}{dt}$$

(6.16)

したがって，系内に蓄積する物質量は

$$\Delta m 〔\mathrm{mol}〕 = V\frac{dC}{dt} dt \tag{6.17}$$

と書ける。

〔2〕 **系に流入する物質量：m_{in}**　　流れのない系では，物質は系の境界面から系の内部あるいは外部へと**拡散**（diffusion）によって移動する。単位面積，単位時間あたりに移動する物質量を**物質量流束**（molar flux）あるいは**拡散流束**（diffusion flux）とよぶ（9章参照）。

系に流入する物質量は

面積×流入する物質量流束×時間

で表せるから，物質が流入する面積を A_{in} 〔m²〕，流入する物質量流束を J_{in} 〔mol/(m²·s)〕とおくと

$$m_{in} = A_{in}\ J_{in}\ dt \qquad (6.18)$$

となる。

〔3〕 **系から流出する物質量**：m_{out} 〔2〕と同様に，系から流出する物質量は

面積×流出する物質量×時間

で表せるから，物質が流出する面積を A_{out} 〔m²〕，流出する物質量流束を J_{out} 〔mol/(m²·s)〕とおくと

$$m_{out} = A_{out}\ J_{out}\ dt \qquad (6.19)$$

となる。

〔4〕 **系内で変化する物質量**：m_r 反応に伴って系内の注目成分が生成したり消失したりする場合，系内で変化する注目成分の物質量は反応速度 r 〔mol/(m³·s)〕を用いてつぎのように表される。

$$m_r = V\ r\ dt \qquad (6.20)$$

式 (6.16)〜(6.19) を式 (6.14) に代入して整理すると，物質収支式として次式を得る。

$$V\frac{dC}{dt} = A_{in}\ J_{in} - A_{out}\ J_{out} \pm V r \qquad (6.21)$$

反応による注目成分の濃度変化がない場合は，式 (6.11) はつぎのようになる。

$$V\frac{dC}{dt} = A_{in}\ J_{in} - A_{out}\ J_{out} \qquad (6.22)$$

図 6.4 に示す撹拌槽型培養槽や管型反応器（8章参照）のように，液体や気体の流れに乗って物質が運ばれる場合，反応器（＝注目する系）内に流入する物質量は

体積流量 〔m³/s〕×濃度 〔mol/m³〕×時間 〔s〕

で表すことができる。反応器から流出する物質量も同様に

体積流量〔m³/s〕× 濃度〔mol/m³〕× 時間〔s〕

で表すことができる。流入液（気体）の体積流量を F_{in}，流出液（気体）の体積流量を F_{out}，流入液（気体）の濃度を C_{in}，流出液（気体）の濃度を C_{out} とすると，式(6.15)はつぎのようになる。

$$V\frac{dC}{dt} = F_{in}\,C_{in} - F_{out}\,C_{out} \pm Vr \tag{6.23}$$

【例題 6.2】 容積 V〔L〕のバケツに，インクが溶けた水がなみなみ入っている。ここに，水道から体積流量 F〔L/s〕で水を注ぐとすぐにバケツからインクを含む水があふれ出し，そのままあふれ続けさせるとバケツ内のインクは徐々に薄まっていった。このとき，任意の時間 t〔s〕におけるバケツ内のインク濃度を C として，インクの物質収支式を導出せよ。ただし，水道水はインク成分を含まず，水道水中でのインクの分解などによる濃度変化は起こらないものとする。また，バケツの内部は水流により十分混合されていて，バケツ内のインク濃度は均一であるとする。

[解答] 状況を図 6.5 に示す。なみなみ満たされたバケツに水道水を注いだとき，あふれるインク水溶液の体積は注いだ水道水の体積に等しいから，$F_{in} = F_{out} = F$ である。水道水にはインク成分は含まれていないから，$C_{in} = 0$ である。また，バケツ内のインク濃度が均一であることから，ある瞬間にバケツからあふれ出るインク水溶液の濃度はその時点でのバケツ内のインク濃度に等しい。すなわち $C_{out} = C$ である。

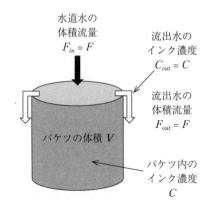

図 6.5 バケツからあふれ出るインク水溶液の様子

92   6. 物質・エネルギー収支計算の基礎

さらに，水道水中でのインクの変化速度はゼロである。以上の条件を式 (6.23) に代入すると，インクの物質収支式として以下を得る。

$$V\frac{dC}{dt} = -FC \qquad\qquad (答)$$

式 (6.2) および図 6.1 に基づき収支式を立てる際には，例題 6.1 および 6.2 で示したように，まず対象とする系に関する情報を図示し，これに系を出入りする量や変化する量を書きこんでいくと考えを整理しやすい。特に初学者の場合は，状況を図にすることで系内の変化を捉えやすくなり，収支式の各項に対応する量の把握に役立つことが多い。

6.5 物質収支・エネルギー収支と生物化学量論

つぎのように表される化学反応を考える。

$$aA + bB \rightarrow cC + dD \qquad\qquad (6.24)$$

このように，反応に関与する成分の量的関係を示した反応式を**化学量論式** (stoichiometric equation) という。化学量論式に含まれる係数 a, b, c, d を **化学量論係数** (stoichiometric coefficient) とよぶ。化学量論式は，反応を伴う系における物質収支やエネルギー収支を扱ううえで非常に重要な情報を与えてくれる。質量保存の法則より，化学量論式の両辺に含まれる各元素の総量が一致していなくてはならない。反応前後における元素の収支（**元素収支**）を考えることは，未知の化学量論係数を決定する際の重要な指標となる。

〈**例 6.1**〉 グルコースの酸化反応の量論式を見てみよう。

$$C_6H_{12}O_6 + aO_2 \rightarrow bCO_2 + cH_2O \qquad\qquad (6.25)$$

この化学量論式には，C，H，O の三つの元素が含まれている。反応前後の各元素の収支を調べてみると，C はグルコース，二酸化炭素にだけ含まれているから，両辺で元素の総量が一致するためには $6C = bC$ でなくてはならないから，$b = 6$ であることがわかる。同様に，H もグルコースと水にだけ含まれているから，$12H = (c \times 2)H$ とならなければならず，$c = 6$ であることがわかる。結局，両辺で O の総量が一致するためには，$a = 6$ となることがわかる。

6.5 物質収支・エネルギー収支と生物化学量論 **93**

〈**例6.2**〉 アルコール発酵の化学量論式は，前述のとおり次式で表される。

$$C_6H_{12}O_6 \rightarrow 2C_2H_5OH + 2CO_2 \qquad (6.14)（再掲）$$

ここで，グルコース（固体）およびエタノール（液体）の標準燃焼エンタルピーはそれぞれ$-2\,808\,kJ/mol$ および$-1\,368\,kJ/mol$ であり，二酸化炭素は不燃性なので標準燃焼エンタルピーはゼロだから，反応の前後のエネルギー収支は，グルコース$1\,mol$ あたりを基準とすると，つぎのようになる。

$$2\,808\,kJ = 2 \times 1\,368\,kJ + 2 \times 0 + Q\,[kJ] \qquad (6.26)$$

ここで，Q は反応熱である。式 (6.26) より，Q は$72\,kJ$ と求められるので，この反応の熱化学方程式は

$$C_6H_{12}O_6（固体） = 2C_2H_5OH（液体） + 2CO_2（気体） + 72\,kJ \qquad (6.27)$$

と表すことができる。

上記以外の生物化学反応においても，量論関係をきちんと把握し物質収支，エネルギー収支を考慮することで，基質の消費，代謝産物の生成，微生物の増殖などの現象を定量的に取り扱うことが可能になる。例えば，好気培養における微生物増殖は，一般に次式によって表すことができる。

$$\Delta S + \Delta N + \Delta O_2 \rightarrow \Delta X + \Delta P + \Delta CO_2 + \Delta H_2O \qquad (6.28)$$

ここでΔS は炭素源基質の消費量，ΔN は窒素源の消費量，ΔO_2 は酸素消費量，ΔX は微生物菌体の増殖量，ΔP は代謝産物の生成量，ΔCO_2 は二酸化炭素の生成量，ΔH_2O は水の生成量である。このとき，炭素源基質基準の**菌体収率** $Y_{X/S}$ および酸素基準の菌体収率 $Y_{X/O}$ を以下のように定義する。

$$Y_{X/S} = \frac{\Delta X}{\Delta S} \qquad (6.29)$$

$$Y_{X/O} = \frac{\Delta X}{\Delta O_2} \qquad (6.30)$$

これらの菌体収率は原料成分（炭素源基質，酸素）の消費量あたりの微生物増殖量を表しており，培養の効率を示す指標となる。菌体収率を求めることで，微生物菌体および生成物の収量，増殖速度などを数式で表現しやすくなり，培養プロセスのさまざまな要素を定量的に論じることが可能になる（11 章参照）。

94   6. 物質・エネルギー収支計算の基礎

【例題6.3】 20 g/L のグルコースを含む培地 1.8 L 中で，ある微生物を好気培養した。グルコースが完全に消費された後，微生物菌体の全量を回収し増殖量を測定したところ，14.6 g 増殖したことがわかった。このとき，グルコースが唯一の炭素源基質であったとして，炭素源基質基準の菌体収率 $Y_{X/S}$〔g-cells/mol-glucose〕を求めよ。

解答 培地中のグルコース濃度をモル濃度で表すと，20÷180＝0.111 mol/L であるから，この培地 1.8 L 中には 0.20 mol のグルコースが含まれていたことになる。これがすべて消費されたとき，14.6 g の微生物菌体が得られたので，求める菌体収率は以下となる。

$$Y_{X/S} = 14.6 \text{ g-cells} \div 0.20 \text{ mol-glucose}$$
$$= 73 \text{ g-cells/mol-glucose}$$

(答)

コラム 微生物の化学式？

微生物細胞は，細胞を構成するタンパク質，脂質，核酸などの生体成分の集合体である。そのため，微生物を一つの化学式として表すことはできない。しかし，微生物細胞から水分を除いて得られる乾燥菌体の元素分析を行えば，炭素，水素，酸素，窒素などの構成元素の質量比がわかる。原子量から各元素のモル比を求め，炭素原子を基準として微生物の元素組成を表すと，$CH_xO_yN_z$ のような「化学式」が得られる。いろいろな微生物について x，y，z が調べられており，多くの微生物の元素組成が似通っていることがわかっている。この「微生物の化学式」を用いれば，微生物増殖を化学反応式のように表現できるのである。

-------------------------------- 演 習 問 題 --------------------------------

【6.1】 内容積 180 mL の円筒容器に 20℃ の水が満たされ密閉されている。この容器を酸化カルシウム 25 g と水からなる発熱剤の上に置き，容器を温めた。酸化カルシウムはすべて水と反応し，反応により発生する熱の 90 % が円筒容器内の水に伝わった。円筒容器内の水に伝わった熱の 15 % に相当する熱エネルギーが円筒容器の表面から外部に放熱されたとするとき，円筒容器内の水の温度は何℃になるか計算せよ。ただし，ほかの熱の出入りはないものとし，酸化カルシウム 1 mol あたりの反応熱を 63.7 kJ，水の比熱を 4.2 kJ/(kg·K) とする。

【6.2】ある湖に，流量 F で河川水が流入している。この河川水には，有機物が濃度 C_{in} で含まれている。湖のなかの有機物濃度は場所によらず均一であり，C とする。湖から流れ出る河川水の有機物濃度をモニタリングしたところ，その濃度は C_{out} であった。湖のなかでは，微生物により有機物が分解され，その速度は kC で表されるとする（k は反応速度定数）。ただし，湖から大気中への水の蒸発量は降雨量とつり合っており，湖の水位に変化はないものとする。

  （1）有機物に関する物質収支式を求めよ。
  （2）湖中の有機物濃度 C が一定に保たれている場合，C はどのように表されるか。

【6.3】例題6.2の条件でインク水溶液の入ったバケツに水道水を入れていくとき，つぎの問いに答えよ。

  （1）例題6.2で得られた物質収支式を解き，時間 t とインク濃度 C の関係を表す式を求めよ。ただし，$t=0$ のとき，$C=C_0$ とする。
  （2）バケツ内のインク濃度が初めの100分の1になるのに要した水道水量はバケツの容積の何倍になるか求めよ。

【6.4】ある微小空間を拡散により移動する分子がある。拡散による移動流束を J 〔mol/m²·s〕とするとき，**問図 6.1** を参照して空間中の二つの面に挟まれた微小範囲内におけるこの分子の物質収支を表す式を示せ。

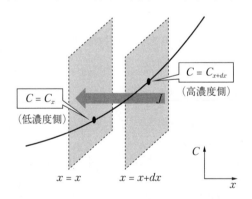

問図 6.1 微小空間における拡散による物質移動

【6.5】ある微生物の元素分析を行った結果，乾燥菌体における各元素の質量割合は炭素47.0 %，水素6.5 %，酸素31.0 %，窒素7.5 %，その他無機成分8.0 %であった。この微生物の元素組成を $CH_xO_yN_z$ とするとき，x, y, z の値をそれぞれ求めよ。

7章 生体触媒の特性

◆本章のテーマ

本章では生体触媒である酵素の特性を学ぶ。酵素は基質との複合体を形成することで活性化エネルギーを下げ，反応を促進する。酵素そのものは反応で変化しない触媒作用を示す。酵素はタンパク質からなる触媒であるため，化学触媒と比べ反応温度やpHにおいて温和な条件で働く。また，タンパク質の複雑な高次構造により基質を認識するので，特定の基質にのみ作用し選択性の高い反応が可能である。温和な条件で触媒作用を示すことや，その選択性の高さが欠点にもなるが，多様性も酵素の特徴の一つであり，極限環境の微生物から高温でも反応可能な酵素が取得されている。

◆本章の構成（キーワード）

7.1 生体触媒とは
 触媒の定義，生体触媒
7.2 酵素反応の特性
 活性化エネルギー，至適温度，至適pH，反応特異性，鍵と鍵穴説，酵素の構造
7.3 モノづくりにおける酵素
 化学反応との比較，酵素の多様性

◆本章で知ってほしいこと（チェックポイント）

☐ 酵素は触媒であり生体触媒とよばれていること。
☐ 酵素は活性化エネルギーを下げて反応を効率的に進めること。
☐ 酵素は温度やpHなど温和な条件で反応すること。
☐ 酵素反応の仕組みとして「鍵と鍵穴説」および「誘導適合説」が提唱されていること。
☐ 酵素の構造には階層性があること。
☐ 酵素反応は化学反応と比べ温和な条件でモノづくりができること。
☐ 酵素はアミノ酸からなるポリマーであり多様性に富んだ触媒であること。

7.2 酵素反応の特性　　97

7.1　生体触媒とは

　触媒とは自分自身は反応せず化学反応を促進させ，物質を変換させるものを
いう。生物における物質の分解によるエネルギー生産や生体成分の合成といっ
た化学反応の触媒作用を示すものを**生体触媒**（biocatalysis）という。生体触媒
の大部分は酵素によるものであり，常温，常圧，中性付近という温和な条件下
で高い反応促進作用をもつ。酵素は生体外でも利用可能で化学品や食品の生
産，洗濯用洗剤，病気診断用などさまざまな分野で利用されている。酵素以外
には RNA の触媒（**リボザイム**（ribozyme））[1]や人工的につくられた**抗体酵素**[2]
なども生体触媒ある。酵素反応の働きを理解することは生命の仕組みを理解す
ることだけでなく，生物化学工学によるモノづくりや環境，医療での新しい技
術の開発の手助けとなる。本章では，生体触媒である酵素反応の特性について
説明する。

7.2　酵素反応の特性

7.2.1　活性化エネルギーと酵素

　酵素による触媒反応は触媒のない自然条件での化学反応に比べて速いだけで
なく，一般の触媒反応と比べてもさらにケタ違いに速い場合が多い。酵素の反
応促進作用をギブスの自由エネルギー変化により解説する（**図7.1**）。いま，
基質 S が生成物 P に変換するには，外からエネルギーが与えられて中間物質
をつくる必要がある。この中間物質（遷移状態）をつくるまでの反応に必要な
エネルギーを**活性化エネルギー**という。$\Delta G^{\#}$ に対し，反応前 S と反応後 P の
間のエネルギー差を ΔG という。

　酵素反応の場合，酵素 E と基質 S の複合体 ES をつくってから生成物をつく
るが，複合体生成の活性化エネルギーはきわめて低く，エネルギー障壁の高さ
すなわち $\Delta G^{\#}$ を下げる。酵素は，活性化エネルギーを $\Delta G_1^{\#}$ から $\Delta G_2^{\#}$ に下げ

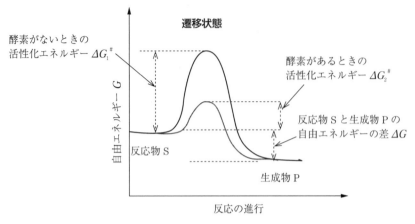

図 7.1　酵素反応の自由エネルギー変化

ることにより反応速度を高めており，外からのエネルギー供給が少なくすみ，穏やかな条件下で反応を進めることができる。図 7.1 から酵素の触媒作用は反応前後のエネルギー差 ΔG を変化させないが $\Delta G^{\#}$ を小さくすることがわかる。また，ΔG が変化しないので反応の平衡は変わらない。

7.2.2　酵素反応の特徴：温和な条件（温度，pH）

生理的な条件下で反応を触媒する酵素は，特に触媒作用が最も高くなる最適な反応温度（**至適温度**（optimum temperature））や pH（**至適 pH**（optimum pH））が存在する。

通常の化学反応では，温度の上昇に伴って反応は促進される。しかし，**図 7.2** に示したように酵素はタンパク質からなるため温度が上昇しすぎると，水素結合や静電的相互作用，疎水結合などによって形成される触媒としての酵素の立体構造が壊れ，酵素は失活する。したがって，酵素反応の温度依存性は，熱エネルギーによる活性化と酵素タンパク質の熱変性とのバランスで決まる。

また，**図 7.3** に示すように酵素の活性は pH によっても影響を受け，酵素が作用を発揮する最適の pH を至適 pH という。活性部位のアミノ酸側鎖の電離状態が pH により変化を受けるためであるが，極端な pH 条件では，タンパ

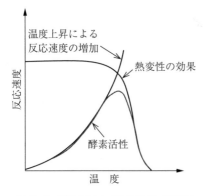

図 7.2 酵素反応における温度の影響　**図 7.3** 酵素反応における pH の影響

ク質のアミノ酸側鎖の電離状態が変わるので，水素結合やイオン結合が影響を受け，タンパク質は変性する．

多くの酵素は生理的条件下で至適な活性を示すため，至適 pH は中性であることが多いが，**プロテアーゼ**（protease）などの一部の酵素は胃酸の存在下で働くため至適 pH は酸性にある．至適温度においても，温泉や海底噴火口から分離される極限環境微生物の酵素は非常に高い温度で至適な活性を示す．

7.2.3　酵素反応の特徴：特異性（反応，基質，立体）

酵素は触媒作用を示すタンパク質であり，基質の結合と触媒作用に関与する部位，すなわち**活性中心**（**活性部位**）をもっている．この生体触媒である酵素反応の特徴を説明する．酵素は反応できる反応や基質が決まっている．例えば化学反応は酸の添加によりエステル結合を加水分解するがエステル結合の構造は問わない．一方，酵素は基質の構造を厳密に区別し，ある官能基や結合に対して特定の反応を触媒する．

〔1〕　**反応特異性**　　一つの酵素（正確には酵素ドメイン）は一つの反応を触媒する．酵素はその触媒する反応の種類に応じて六種類に分類され，**表 7.1** に示す **EC 番号**（酵素番号，enzyme commission numbers）によって規定されている[3]．

100　7. 生体触媒の特性

表7.1　酵素の分類

大分類の番号	酵素の分類名	機　能
1	酸化還元酵素	酸化還元反応
2	転移酵素	水以外の化合物に特定の基を移動
3	加水分解酵素	加水分解反応
4	リアーゼ	加水分解や酸化によらず，特定の基を脱離させて二重結合を残す反応。あるいはその逆反応
5	異性化酵素	化合物を異性体にする反応 （ラセミ化，cis-trans 変換など）
6	リガーゼ	ATP などのリン酸結合の分解によって二つの分子を結合させる反応

〔2〕　**基質特異性**　　例えば，デンプンの加水分解酵素は，同じグルコースからなるポリマーのセルロースを分解することはできない。酵素の基質との結合は，アミノ酸側鎖の厳密な三次元的な配置による分子認識の結果である。酵素には基質が結合し反応を触媒する活性部位があり，活性部位と基質との間に特異的な相互作用が生じたときのみ，酵素機能が発現する。

　アミノ酸や糖などの生体成分の多くは**エナンチオマー**（enantiomer，鏡像異性体）をもつ。多くの酵素は，アミノ酸ならばL体とD体の区別し触媒作用を示すことができる。この立体異性体の認識を特に**立体特異性**という。

7.2.4　酵素反応の仕組み

　このような酵素反応の特異性を説明する理論として，フィッシャー（E. H. Fisher）は酵素と基質が鍵と鍵穴のように結合する**鍵と鍵穴説**（lock and key theory）を提唱した。**図7.4**に示すように，この理論は酵素の基質結合部位のくぼみに適切な基質分子のみが鍵と鍵穴のようにはまり込み，適切な基質のみが酵素と結合することを説明する。しかし，酵素の立体構造や基質と酵素の結合複合体の解析が進むと，基質の結合により酵素の立体構造が変化し，活性部位のアミノ酸残基が反応を触媒するのにちょうどよい位置に配置される形に変化することがわかってきた。酵素の立体構造が基質との結合により変化し，

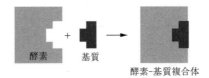

(a) 鍵と鍵穴モデル

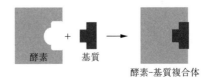

(b) 誘導適合モデル

図 7.4 酵素-基質結合モデル

誘導的に反応が促進されることから，この仕組みを**誘導適合説**（induced fit theory）という．誘導適合説は鍵と鍵穴説を発展させた考え方である．

7.2.5 酵素の構造

酵素は20種類のアミノ酸がペプチド結合したポリマーだが，それが特有の形に折り畳まれてそれぞれの機能をもつようになる．酵素の構造の階層性を**図7.5**に示す．

〔1〕**一次構造**　酵素のアミノ酸配列を一次構造という．酵素の一次構造はDNAの塩基配列情報にしたがって厳密に定められており，個々の酵素によって異なっている．酵素の立体構造は一次構造によって規定されており，基本的にアミノ酸の配列順序により酵素の機能は決定させることになる．したがって，生物種などの由来が異なっても，類似する酵素はその一次構造も共通性が高くなる．

〔2〕**二次構造**　一般的な酵素タンパク質は球状の立体構造をとり，ポリペプチド鎖は棒のように伸びるのではなく，折りたたまれたタンパク質固有の三次元立体構造をとる．二次構造とは，ポリペプチドの主鎖のカルボニル基とアミド基が同一の鎖内や異なる鎖の間の水素結合により形成される規則的

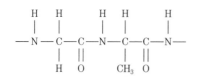
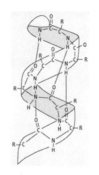

タンパク質のアミノ酸配列。
アミノ酸配列は左側にN末端，右側にC末端とする。

（a）一次構造

タンパク質の規則的な構造部分をいう。水素結合によって形成されるαヘリックス構造やβシート構造。

（b）二次構造

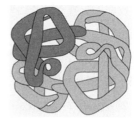

ポリペプチド鎖が折りたたまれた構造で側鎖の各原子の空間配置を含む立体構造。

（c）三次構造

複雑な三次構造をとった複数のタンパク質がさらに会合した構造。会合するタンパク質の単位をサブユニットという。

（d）四次構造

図7.5 タンパク質構造の階層性

な構造部分をいう。代表的な二次構造は**αヘリックス**（α helix）と**βシート**（β sheet）である。αヘリックスはポリペプチドが3.6残基で1回転する右巻きの規則的ならせん状の構造をもつ。主鎖のカルボニルCOが四つ先のアミノ酸残基のアミドのNHと水素結合している。βシートもカルボニルCOとアミドのNHが水素結合している点ではαヘリックスと同じだが，αヘリックスが近隣のアミノ酸残基の水素結合に対し，βシートは平衡するペプチド鎖間で水素結合しており，シート状の構造をとる。二本のポリペプチドの並び方により，平行構造と逆平行構造の2種類がある。

〔**3**〕**三次構造** αヘリックスやβシートなどの二次構造が集まり，ポリペプチド鎖が折りたたまれた構造がアミノ酸側鎖間の静電的相互作用，疎水結合，水素結合，ファンデルワールス力，ジスルフィド結合により形成された立体構造を三次構造という。

〔**4**〕**四次構造** 複雑な三次構造をとった複数のタンパク質がさらに相互作用によって会合した状態のことを四次構造という。酵素はこの集合体を形成しているものも多く，四次構造は酵素の構造の階層のなかで最も高次なものである。会合するタンパク質の単位（サブユニット）は同一である場合も，また異なる場合もある。

7.3 モノづくりにおける酵素

7.3.1 化学反応との比較

微生物や酵素が行う反応を合成化学的に利用し，モノづくりに用いる方法を微生物変換法あるいは酵素法という。微生物変換法は微生物の細胞やそれ由来の酵素を触媒として用いる物質合成法であり，医薬から汎用化学品まで多くの化学物質の工業生産に使用されている。これまで生体触媒である酵素反応の特徴を述べてきたが，酵素を用いた物質合成法はどのような特徴となるのか？ 化学的合成法との比較を**表7.2**にまとめた。酵素法も反応自体は通常の化学的

表7.2 酵素反応と化学反応の比較

	酵素反応	化学反応
反応条件	常温・常圧	高温・高圧
反応溶媒	水（まれに有機溶媒）	有機溶媒，水
特異性	非常に高い	低い
基質・生成物濃度	比較的に低濃度	高濃度
反応装置	常圧装置	耐圧・耐熱装置
反応の安全性	安全性大（バイオハザード対策は必要）	火災爆発の危険性
廃棄物汚染	浄化容易	まれに困難

104   7. 生体触媒の特性

な触媒と同様に反応速度を向上させる。両者の違いは，触媒機能の相違により
もたらされる。酵素反応はタンパク質が触媒となるため，温和な条件で反応効
率が高いことが最大の特徴となる。そのため，常温，常圧，中性付近の水溶液
中で触媒機能が発揮される。また，反応の特異性が高いため，副生物が生成し
にくく収率が良いという利点がある。これらの性質により生体触媒反応による
プロセスは，エネルギー消費が少なく，有毒な有機溶媒は重金属を使用せず廃
棄物も少ないグリーンなモノづくりとなる。一方で，触媒がタンパク質である
ため温和な条件でしか反応できないこと，生成物濃度が化学法に比べると低い
ことが欠点となる。また，**バイオハザード**（biohazard）や**カルタヘナ法**[4]に対
応した封じ込め設備やオペレーションが必要である。

7.3.2 酵素の多様性

　生体触媒反応の反応効率の良さは，欠点にもなりプロセスの運転条件が温和
な条件に制限される，また反応する基質が限定されることになる。高温・高

表7.3　各種α-アミラーゼの比較[5]

	酵素源	耐熱性〔℃〕(15分処理)	pH安定性(30℃, 24時間)	至適pH	デンプン分解		マルトース分解作用
					分解限界〔%〕	おもな生成物	
細菌	*B. amyloliquefaciens*	65〜80	4.8〜10.6	5.4〜6.0	35	デキストリンマルトース	−
	B. licheniformis	95〜110	—	5.5〜6.0	35	デキストリンマルトースマルトペンタオース	−
かび	麹菌（タカA）	55〜70	4.7〜9.5	4.9〜5.2	48	マルトース	−
	A. niger	55〜70	4.7〜9.5	4.9〜5.2	48	マルトース	−
酵母	*Endomycopsis*	35〜50	6.0〜7.5	5.4	96	グルコース	+
	Oospora	50〜70	6.0〜10.3	5.6	37	デキストリンマルトース	−
動物	膵臓（ヒト）	—	4.8〜11	6.9	40	マルトース	−
	唾液（ヒト）	—	4.8〜11	6.9	40	マルトース	−
植物	麦芽	—	4.8〜8.0	5.3	40	マルトース	−
	緑豆もやし	50〜70	5.0〜8.3	5.4	70	グルコースマルトース	−

圧，有機溶媒系が基本の化学工業の生産プロセス管理から見ると都合が悪い。また，温和な条件は雑菌汚染などのリスクとなる。もともと酵素は特定の化合物の官能基または結合に対し特定の変換のみを触媒するが，この特徴は酵素反応の汎用性を損ねることになる。ではどうすればよいか。微生物など生物の酵素は多様性があることが知られている。例として，**表7.3**にデンプンを分解する**α-アミラーゼ**（α-amylase）の比較を示した。同じアミラーゼであっても反応温度や至適pH，さらには生成物の違いなど酵素化学的な性質において大きな相違が認められる。酵素タンパク質の素材となるα-アミノ酸の種類は20種で，150個のアミノ酸からなるペプチド結合の組合せは20の150乗にもなる。有用な生産物を得るために特定の化合物を変換する酵素，あるいは，高い温度でも失活しない酵素，低温が至適な酵素など所望の性質をもつ酵素を自然

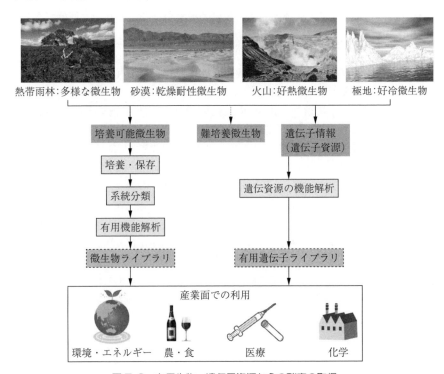

図7.6 有用生物・遺伝子資源からの酵素の取得

106　　7. 生 体 触 媒 の 特 性

が生み出す多様な酵素群のなかから見い出す，あるいは既知の酵素のアミノ酸配列を改変しつくり出せばよい。

図 7.6 に環境からの酵素の取得法を示した。同じ反応を触媒する酵素であっても起源が異なると至適温度や至適 pH などの酵素化学的な性質が異なることが多い。高温や酸性条件下などの極限環境に生育する微生物から実際に産業上の有用な耐熱性酵素や耐アルカリ性酵素が取得されている。さらに，酵素分離源である微生物などを培養することなく，土壌や水といった環境サンプルから直接 DNA を分離し酵素遺伝子を取得することも技術的に可能である。また，近年多くの生物のゲノム情報が集積されており，その膨大な DNA 配列情報のなかから所望の酵素を取得する方法も一般的になってきている。今後，さらにさまざまな特性（基質特異性や反応条件など）をもった酵素が自然界から見い出される，またはアミノ酸配列の改変によってつくり出されると期待できる。

コラム　遺伝子工学に欠かせない耐熱性 DNA ポリメラーゼ

DNA から特定の遺伝子部分だけ増幅させたいときは **PCR**（polymerase chain reaction）法が使われる。PCR は二つの短鎖 DNA（プライマー）で挟まれた DNA 断片を DNA 合成酵素（DNA ポリメラーゼ）により増幅する技術である。1983 年に考案された。PCR では DNA の二本鎖の一本鎖への変性ステップは 90 ℃以上が必要となる。PCR は 1983 年に生まれたが，PCR の普及には高温で失活しない耐熱性 DNA ポリメラーゼが欠かせなかった。

この耐熱性 DNA ポリメラーゼとして，イエローストーン国立公園の温泉中に生育する *Thermus aquaticus* YT1 という好熱性真正細菌から得られた Taq ポリメラーゼが広く使われている。また，今中グループ（当時阪大・工）は鹿児島県小宝島の硫気孔から単離した超好熱菌 *Thermococcus kodakarensis* KOD 1 株から KOD DNA polymerase を開発した。本酵素は 100 ℃，1 時間の熱処理でも約 70 ％の活性を維持する。遺伝子工学の研究に欠かせない PCR は微生物の酵素の多様性により実現した。現在でも DNA ポリメラーゼは，塩基配列解読技術の主役であり，次世代シークエンサ（NGS）でも欠かせない酵素である。

演 習 問 題　　107

················· **演 習 問 題** ·················

【7.1】 つぎの文章の（　　　）に適切な語句を記せ。
　　　　酵素は無機触媒と同じように，化学反応の（　　　　）を増加させるが反応物と生成物の（　　　　）には影響しない。これは化学反応の障壁となる（　　　　　　）を，非触媒反応に比べ低下させることを意味している。

【7.2】 触媒の定義を述べよ。

【7.3】 タンパク質の立体構造について述べよ。

【7.4】 酵素の基質特異性を説明する考え方として 19 世紀末に提唱された理論をなんというか。この説は基本的にはいまでも正しいといえるが，20 世紀中ごろになり酵素の立体構造の研究が進むなかで，この考え方を修正した理論をなんというか。

【7.5】 酵素反応の至適温度と至適 pH について説明せよ。

8章 バイオプロセスと バイオリアクター

◆本章のテーマ

　本章では，はじめに微生物や酵素などの生体触媒を用いる一連のモノづくりの工程，すなわち「バイオプロセス」の特性について，「ケミカルプロセス（＝化学工学プロセス）」との比較の観点で論じる。次いで，バイオプロセスによるモノづくりの主たる"場"である「バイオリアクター（発酵槽・反応槽）」に関して，その基本的な操作法，装置の型式や特性について概説する。

　どのような型式のバイオリアクターを用いてどのような運転を行うか，ということは，生産効率や生産コストばかりでなく生産システム全体のあり方を左右する非常に重要な要因である。とりわけ前者に関しては，原料や生産物の物性，使用する生体触媒の特性，生産工程などにも配慮して，新規リアクター設計の必要性の有無についても，検討を行わなければならない。

　このような観点からも，基本的なリアクターの特性について十分に理解しておくことは非常に重要である。

◆本章の構成（キーワード）

8.1　バイオプロセスの特性
　　　反応温度・圧力，高濃度基質阻害，副産物
8.2　各種バイオリアクターとその特性
　　　回分操作，半回分操作，連続操作，通気撹拌型，気泡塔型，充填層型，流動層型

◆本章で知ってほしいこと（チェックポイント）

☐　バイオプロセスにはケミカルプロセスとは異なる特性があること。
☐　バイオリアクターには三つの異なる操作法があること。
☐　バイオリアクターにはさまざまな型式のものがあること。

8.1 バイオプロセスの特性

　各種微生物菌体，動植物細胞，あるいはその他生物の器官や組織で行われている代謝反応，またはこれら生物試料に由来する酵素などを巧みに利用し，人類にとって有用な物質を生産するための一連の工程を"バイオプロセス"といい，その概要については，4章（図4.1）ですでに解説した。これに対して，工業化学や化学工学を基盤とする"ケミカルプロセス"についても，われわれの生活に欠かせないさまざまな化成品などの有用物質生産において，非常に重要な位置を占めている。これら二つの物質生産プロセスの特性を比較し，**表8.1** にまとめた。

表8.1　バイオプロセスとケミカルプロセスの比較

	バイオプロセス	ケミカルプロセス
温　度	常　温	高温も可
圧　力	常　圧	高圧も可
原料濃度	低～中	中～高
生産物濃度	低～中	中～高
副反応	少ない	あ　る
副産物	少ない	あ　る
安定性	低～中	中～高
連続運転	可　能	容　易

　すなわち，バイオプロセスにおける物質生成の主体は酵素反応であり，これらの反応は常温で進行するため，ケミカルプロセスと比べると，過熱による爆発や火災などの危険性は少なく安全である。反応温度が低いことから，しばしばエネルギーコスト的に有利であると考えられがちであるが，大型タンクを用いた工業規模での培養においては，発酵熱による培養液の温度上昇を抑制するための冷却が必要となることも少なくない。また，さまざまな微生物が生育しやすい温度領域であるので，雑菌汚染の防止にも配慮しなければならない。

　バイオプロセスでの反応が常圧で行われる，ということもタンクの爆発やそ

110　　8.　バイオプロセスとバイオリアクター

れに伴う内容物の飛散の危険性が少ないということであり，タンクの構造も耐圧・防爆の観点からケミカルプロセス用のものよりも簡便である。

　原料濃度は反応速度と密接に関係しており，化学反応速度論的には濃度が高いほど，反応速度も上がることが知られている。しかし，バイオプロセスにおいては初発濃度を高くすると，いわゆる「高濃度基質阻害」が生じ，反応初速度の低下，あるいは反応が開始されないといったことが発生する場合もあるため，原料の仕込み濃度をあまり高く設定することはできない（糖の場合は，通常は数％から高くても 10 ％程度であろう）。したがって結果として，生産物の濃度も，それほど高くはならず，このことは反応（培養）終了後の生産物の分離・精製（ダウンストリーム工程：4 章参照）を考慮すると，デメリットであるともいえなくはない。

　副反応は，酵素が反応の主役であるバイオプロセスにおいては，その基質特異性の高さから，ほとんど生じることはなく，結果として副産物の生成も少ない。このことは，ダウンストリーム工程においてのメリットである。ただし，生菌体を用いる微生物反応，あるいは菌体の培養を伴う物質生産などにおいては，意図した物質生産反応とは無関係な菌体内の各種代謝反応によって，予期せぬ副産物が生成したり，物質生産反応そのものが阻害を受けたりする場合もありうることを知っておくことも必要である。

　プロセスの安定性は，反応に用いる触媒活性の安定性（寿命）と密接に関連しており，酵素や微生物などのいわゆる生体触媒を用いるバイオプロセスでは，酸・塩基，金属錯体あるいは無機化合物などを触媒として利用するケミカルプロセスと比較して，その安定性は必ずしも高くはない。したがって，長期にわたり安定かつ効率的な物質生産を行うために，触媒活性を維持するための最適なプロセス運転方法の構築が重要である。

8.2　各種バイオリアクターとその特性

　バイオリアクターとは，酵素反応や微生物などの培養に用いられるタンクや

その周辺機器を含む装置の総称である．バイオリアクターには，その運転方法や型式によりさまざまなものが存在しており，使用する生物試料，生産物やその目的に応じて適切に使い分ける必要がある．本節では基本的なバイオリアクターの特性を概説する．

8.2.1 運転操作法によるバイオリアクターの分類

〔1〕 **回分操作** 回分操作（batch operation）とは，タンクに原料物質（培地や基質）を投入し，所定の条件下で一定時間の培養（反応）を行うという操作法である．生産物の製造が終了するまで，タンク内からの内容物の抜き取り，あるいはタンク内への物質の追加投入は行わない．ただし，pHやDO（溶存酸素）の急激な変化などに対処するためのpH調整剤の添加や通気などは行われる．通常，タンク内における原料物質の濃度は徐々に低下し，それとともに菌体の増殖とそれに付随した生産物濃度の上昇が見られる（**図8.1**（a））．

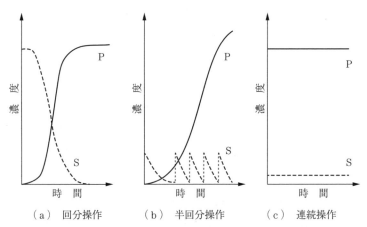

S：原料物質（基質など），P：生産物（菌体やその代謝産物）
図8.1 各種培養操作における物質の消長

〔2〕 **半回分操作** 半回分操作（fed-batch operation）は，**流加操作**ともいわれ，回分法と連続法の中間的な操作法として位置づけられる．原料物質（基質や培地中の特定栄養成分など）を途中で逐次添加するが，生産物は最後

まで抜き取らないという方法である。回分操作では、初発の濃度を一定値以上に設定することのできない物質、例えば ① 高濃度生育阻害作用を有する物質（ある種のアルコールや有機酸など）、② 高濃度の添加で**カタボライト・レプレッション**（catabolite repression）の発生が懸念される物質（グルコースなどの糖類）、あるいは ③ 特定の栄養要求物質（アミノ酸やビタミンなど）を用いる培養系において有効な方法である。すなわち、タンク内におけるこられ物質の濃度を一定値以下に維持しつつ、総量としては必要十分量の添加を行うという操作法である（図 (b)）。添加の方法としては、あらかじめ設定した一定の条件で物質添加を行う方法や各種センサーによってモニタリングした情報（pH，DO，添加物質のタンク内での濃度など）をもとに添加時期や量を制御（これを**フィードバック制御**（feedback control）という）する方法がある。

〔**3**〕 **連 続 操 作**　　**連続操作**（continuous operation）とは、タンク内に原料物質を連続的に添加しながら、生産物も同流量で抜き取るという方法である。流量（F）は、添加される原料物質の消費速度を考慮して決定されるものであり、微生物培養系においては、タンクのワーキングボリューム（V），微生物の比増殖速度（μ）とすると、$\mu = F/V$ となるように制御される（F/Vは希釈率（D）とよばれる）。このように制御することで、連続的にタンク内に供給される原料物質は、ただちに生産物（菌体や有用物質など）に変換されるため、そのタンク内での濃度は比較的低値で、一方生産物濃度は高値で維持される（図 (c)）。連続操作は、回分操作や半回分操作の場合と比較して、その生産性が高いという特長を有している。しかしながら、① タンクの内容物を均一に保つことが必ずしも容易ではない（粘性の高い原料を用いる場合や微生物の増殖に伴い培養液粘度が上昇する場合など）、② 長時間にわたって原料、生産物、吸排気している気体の入出路の無菌状態を維持することは容易ではない、③ 使用酵素や培養菌体の活性を長期にわたり維持することは容易ではない、などの問題点ももち合わせていることに注意したい。

8.2.2 型式によるバイオリアクターの分類
〔1〕 液体培養用バイオリアクター
a） 通気撹拌型バイオリアクター　　通気撹拌型バイオリアクターは増殖因子として酸素を要求する好気性微生物の培養に，広く用いられるものであり，その概略を図8.2に示した．

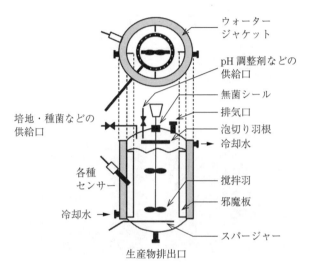

図8.2　通気撹拌型バイオリアクター

タンク本体の形状は縦長の筒状（高さ÷直径＝1〜3程度）である．タンク外側上部には動力用モーターが設置され，タンク内の羽根を回転させるための軸が**無菌シール**（aseptic seal）（タンクと軸の摩擦を低減するとともに，雑菌の混入が生じないように密閉）を介してタンク内へと通じている．また，pH調整剤や消泡剤の注入口，ガスセンサーや液面センサーなどの各種センサーが設置されることもある．さらに，タンク外壁には，これを覆うようにウォータージャケット（発酵熱による過度な培養液温上昇を防止するために内部に冷却水を流す）が装備されている．タンク内部には，底部に通気用の**スパージャー**（sparger）（多数の細孔を有し，培養液中に無菌空気を細かな気泡として供給するもの）が設置されている．培養液は羽根（用途によりさまざまな形

状のものがある（**図8.3**））によって撹拌・混合されることにより均一な状態が形成され，同時にスパージャーから供給された気泡もさらに微細化されて液中に溶解し，微生物の増殖に適した**溶存酸素濃度**（DO：dissolved oxygen）が維持される。

（a）櫂型（オール型）

（b）プロペラ型

（c）ファンタービン型

（d）ディスクタービン型

図8.3 さまざまな撹拌羽根
〔（c），（d）写真提供：株式会社丸菱バイオエンジ〕

また，液面上部の空間部分（＝ヘッドスペース）に設置されている羽根は泡切り羽根である。これは，培養の進行に伴って発生する泡を機械的に破壊して消泡するためのものであり，これにより泡による各種センサーの誤動作，あるいは排気管への泡の到達に起因する雑菌汚染などを防止している。タンク内壁には，**邪魔板**（baffle plate）が設置されている。これは撹拌操作による渦流の発生とそれに伴う液面の低下（これもセンサーの誤動作の原因となる場合がある）の防止や培養液の混合状態を最適化する目的で設置されているもので（**図8.4**），おおむねタンク内径の10分の1程度の幅を有するものが等間隔で計4枚設置されることが多い。

8.2 各種バイオリアクターとその特性　115

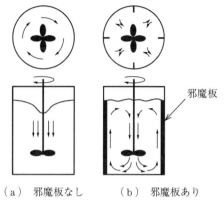

(a) 邪魔板なし　　(b) 邪魔板あり

図8.4　邪魔板の効果

b）**気泡塔型バイオリアクター**　気泡塔型バイオリアクターは，**エアーリフト型**，あるいはタワー型などともよばれるものであり，タンク底部からの通気だけで，微生物の増殖に要する酸素の供給と液の撹拌とが行われている（**図8.5**）。通気撹拌型バイオリアクターと比較すると構造がシンプルであり，雑菌汚染防止や撹拌に要するコスト不要などの観点で優れている。タンク内に**ドラフトチューブ**とよばれる内管や多孔板が設置されることも多い。前者が設置されるとタンク内に液の下降流が生じ，液の混合状態が良好となるばかりで

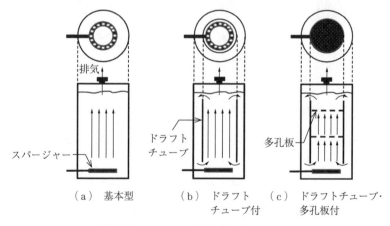

(a) 基本型　　(b) ドラフト　　(c) ドラフトチューブ・
　　　　　　　　　チューブ付　　　多孔板付

図8.5　エアーリフト型バイオリアクター

なく，通気された気泡の滞留時間が長くなり，溶存酸素濃度を高めることが可能となる。後者は主として気泡の滞留時間を長くするためのものである。

c) **充填層型バイオリアクター**　充填層型バイオリアクターは，「固定化生体触媒（酵素や微生物などを水不溶性物質（これを**担体**（support material）という）に固定化することにより調製される）」が均一に充填されたタンクに下向きに液が流される塔型のバイオリアクターであり（**図8.6**），タンク単位容積あたりの反応効率が高い。しかし，液流の圧力によって充填物の変形やそれによる液の偏流が発生する場合もあり，ピストン流（＝押し出し流）的な液の流れを維持することは容易ではない。また，発酵や反応にともなう発熱やpH変動などの抑制・制御，あるいは菌体への酸素の供給や発生したガスの排気操作などにも工夫が必要である。

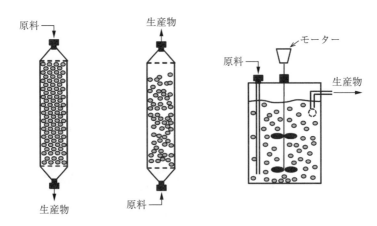

（a）　充填層型　　（b）　流動層型（塔型）　　（c）　流動層型（撹拌槽型）

図8.6　固定化生体触媒を用いるバイオリアクター

d) **流動層型バイオリアクター**　流動層型バイオリアクターは，固定化生体触媒と反応液が入ったタンク内に液が連続的に流され，固定化生体触媒は液流によって液中に浮遊・分散するが，重力により沈降もするため，内容物全体が均一な流体のような挙動を示すバイオリアクターでありタンク形状により塔型と撹拌槽型に大別される（図（b）および（c））。固定化生体触媒への栄

養源や酸素などの供給効率が良く，高い生産効率が得られる。また，ダウンストリーム工程の初期段階で生産物を固定化生体触媒とただちに分離可能であることも特長の一つである。

〔2〕 **固体培養用バイオリアクター** 固体培養は，清酒醸造用種菌（これをもやしともいう）の調製，醸造食品製造に使用される麹（糀）の製造，各種糸状菌の酵素生産などで利用されており，とりわけ麹菌などの糸状菌においては，固体培養でしか生産されない酵素の存在も報告されていることから，産業的にも重要な培養法である。しかし，撹拌・混合によって系内が均一に維持されている液体培養とは異なり，固体培養ではその状態の管理・制御が容易ではないことから，実用規模での固体培養には長年の経験とそれによって培われてきた卓越した勘や技術力が必要とされており，経験豊かな職人・技術者の手作業を中心とする作業に委ねられてきた。近年では，固体培養装置の開発研究も精力的に行われており（図8.7），「自動製麹機」とよばれるバイオリアク

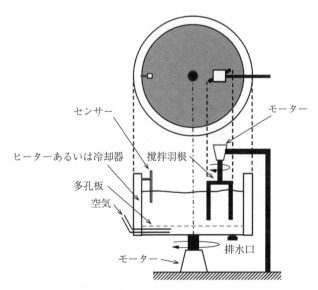

タンクの回転および羽根での撹拌により内容物が混合される。

図8.7 個体培養用バイオリアクター

118   8. バイオプロセスとバイオリアクター

ターでの「醤油製造用の麹」の調製も可能となっている。しかし，固体培養用バイオリアクターについては，特にそのスケールアップに際して，さまざまな条件（pH，温度，水分量，菌体量など）のモニタリングとそれらを指標とした培養系全体の制御が，いまなお大きな課題である。

コラム 相反するニーズを満たす ― 王冠についているギザギザの数はいくつ？ ―

　飲食品の包装で用いる瓶の栓の分類は，そのサイズ（内径 18 〜 54 mm 位まで多種（最も多用されているのが約 27 mm）），高さ（約 5.9 や 6.5 mm），用途（酒，醤油，酢，ジュース，ビールなど），あるいは裏張材の種類（コルクジスク，プラスチゾル，ポリエチレンジスク）などにより，日本工業規格（JIS S 9017（1957 年制定，その後 1994 年に廃止））で厳密に規定されていた。なかでも"王冠"は現在でもビール瓶などの栓として広く利用されている最も身近な栓であるが，これはクラウンコルク＆シール社の創始者である William Painter（米国）によって，1892 年に発明されたものである。王冠の素材はおもにブリキであるが，表面には飲食品に悪影響をおよぼすことがなく耐熱性を有する樹脂製のニスが塗布されている。ブリキ板をプレス機で打ち抜いて成型し，内側に裏張材が熱圧着される。できあがった王冠は，「漏水試験」「持続耐減圧試験」「瞬間耐圧試験」および「持続耐圧試験」を経て，瓶の内容物を安定に密閉保存可能な性能を有することが確認され，完成となる。しかし一方で，王冠には「抜栓のしやすさ」という性能も同時に求められる。「高度な密閉性と外しやすさ」という，相反するニーズを満たすために，王冠に刻むギザギザの数についての研究が行われ，（特大瓶など一部例外はあるものの）その数は全メーカー共通で 21 個となったのである。工学ではこのような相反するニーズを満たすことが求められる場面が少なくない。例えば，「バイオリアクターにおける無菌シール（図 8.2 参照）」や「飲食品の加熱殺菌において，熱変性しやすい有用成分を一定量以上残しつつも，雑菌は完全に殺菌したい」などもその例である。柔軟な発想と思考で，問題・課題の解決にこぎつけたいものである。

-------------------------------- **演 習 問 題** --------------------------------

【8.1】 バイオプロセスとケミカルプロセスの相違点はなにか。

【8.2】 回分操作，半回分操作および連続操作の特徴を述べよ。

【8.3】 通気撹拌型バイオリアクターの特徴について説明せよ。

【8.4】 エアーリフト型バイオリアクターの特徴について説明せよ。

9章 バイオプロセスの操作要素

◆ 本章のテーマ

本章では，バイオプロセスの操作に関わる諸現象の定量的な表現方法を学ぶ。実際のバイオプロセスでは，生化学反応と同時にさまざまな物理現象が進行している。例えば，バイオリアクター内では，酵素分子や微生物細胞は培養液の流れに乗って移動しており，培養液に溶解している基質や酸素と出会うことではじめてさまざまな生化学反応が起こる。反応をスムーズに行うためには，温度管理をしながら通気や撹拌などの操作を行う必要がある。目的とする微生物や代謝産物をきちんと得るためには，培地や培養装置の殺菌も欠かせない。これらの操作を効果的に行うためには，まず，各操作に関連する諸現象を理解し，適切な操作条件を定量的に記述する方法を知っておかねばならない。

◆ 本章の構成（キーワード）

9.1 バイオリアクター内の物理現象 ― 移動現象の基礎 ―
   流動，粘度，熱移動，熱伝導度，拡散，拡散係数
9.2 バイオリアクター内の物質移動 ― 培養槽への酸素供給 ―
   二重境膜モデル，酸素移動容量係数，通気と撹拌
9.3 滅菌操作
   微生物の熱死滅速度，活性化エネルギー，殺菌温度と殺菌時間

◆ 本章で知ってほしいこと（チェックポイント）

☐ バイオリアクター内では，反応と同時に流動，熱移動，拡散といった物理現象が起こっていること。

☐ 移動現象に関わる法則は

   （流束） ＝ －（移動物性）×（勾配）

  の形で表されること。

☐ 培養液への酸素移動は二重境膜モデルで表現できること。

☐ 酸素供給の効率は酸素移動容量係数 $k_L a$ で評価できること。

☐ 微生物の熱死滅速度は一次反応として扱えること。

☐ 微生物の熱死滅速度に対する温度の影響はアレニウスの式で表されること。

120　　9.　バイオプロセスの操作要素

9.1　バイオリアクター内の物理現象 ― 移動現象の基礎 ―

　バイオリアクター内では，さまざまな生化学反応が進行している。生化学反応の速度は，酵素や微生物細胞などの生体触媒周囲の反応成分濃度の影響を受ける。さらに，反応以外のさまざまな物理現象も生化学反応に影響を与える（10，11章参照）。

　化学的および物理的変化がこれ以上進まない状態を平衡状態という。平衡状態では，圧力 P，温度 T，化学ポテンシャル μ_c の三つの物理量がそれぞれ系内のいたるところで等しくなっている。逆にいえば，系内でこれら三つの量に偏りが生じているとき，平衡状態に向かう変化が進行する。圧力 P が不均一であれば，高圧部では膨張，低圧部では収縮が起こり，低圧部から高圧部へ体積の流れが生じる。温度 T が不均一であれば，高温部から低温部へ熱エネルギーが流れ，温度を均一化しようとする。化学ポテンシャル μ_c が不均一であれば，μ_c の大きい部分から小さい部分に向かって物質の移動が生じる。このような物理的変化は，流動，熱移動，および拡散といった**移動現象**（transport phenomena）を介して進行する。これらの移動現象は，類似の法則に従っている。おのおのの法則には，粘度，熱伝導度および拡散係数といった物性値が関与している。ここではそれぞれの法則と物性値（移動物性）を整理しておこう。

9.1.1　流動と粘度

　図 9.1 のように，2枚の平行板の間に流体を満たし，上部の板 A を下部の板 B と平行方向に一定速度 v_0 で動かすと，板 A に接した流体部分は板 A と同じ速度 v_0 で引きずられ矢印方向に移動する。その下部の流体部分も一緒に引きずられて動き出すが，その速度 v_x は v_0 よりやや遅くなり，さらにその下部の流体の移動速度はさらに遅くなる。板 B に接した流体部分は動かないので，その移動速度は 0 である。結局，定常状態では 2枚の平行板の内部で図 9.1 の

9.1 バイオリアクター内の物理現象 — 移動現象の基礎 —

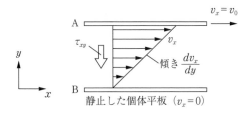

図9.1 平行板の間を満たす流体の速度分布とせん断応力

ような速度分布が生じ，上部流体と下部流体が接触する面に**せん断応力** τ_{xy}（y 軸に垂直な面における x 軸方向の応力，shear stress）〔N/m²〕が働く。流体部分に生じる速度勾配 dv_x/dy はせん断速度ともよばれ，その単位は〔1/s〕である。多くの流体では，τ_{xy} と dv_x/dy との間に次式の関係が成り立つ。

$$\tau_{xy} = -\mu \frac{dv_x}{dy} \tag{9.1}$$

すなわち，せん断応力は速度勾配に比例する。式 (9.1) は**ニュートンの粘性の法則**とよばれ，比例定数 μ〔Pa·s〕を**粘度**（viscosity）または粘性係数という。式 (9.1) に従う流体をニュートン流体，従わない流体を非ニュートン流体とよぶ。**図9.2** におもな液体の粘度を示す。

せん断応力は，単位時間・単位面積あたりに移動する**運動量**（momentum）

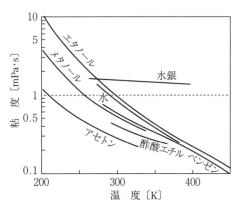

図9.2 いろいろな液体の粘度[3]

に相当する。運動量は質量〔kg〕×速度〔m/s〕で表される物理量であり、単位は〔kg·m/s〕である。式(9.1)は、密度〔kg/m³〕×速度〔m/s〕すなわち流体の単位体積あたりの運動量 ρv_x〔kg·m/(s·m³)〕を用いてつぎのように書き換えられる。

$$\tau_{xy} = -\nu \frac{d(\rho v_x)}{dy} \tag{9.2}$$

ここで、$\nu(=\mu/\rho)$〔m²/s〕は動粘度(kinetic viscosity)とよばれる物性値である。式(9.2)は、せん断応力は運動量勾配に比例することを示している。ν の前にマイナスの符号がついているのは、運動量が減少する方向に運動量の移動が起こる(運動量勾配の符号がマイナスとなる)ためである。

9.1.2 熱移動と熱伝導度

ある物体中に、**図9.3**に示すような温度差が生じている場合、高温の面 A から低温の面 B に向かって、熱エネルギーの移動が起こる。単位面積あたりの熱エネルギーの移動速度すなわち**熱流束** q〔J/(m²·s)〕と、面 AB 間の温度勾配 dT/dy との間に次式の関係が成り立つ。

$$q = -k \frac{dT}{dy} \tag{9.3}$$

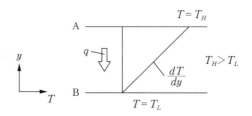

図9.3 温度の異なる2面間の温度分布と熱の移動

すなわち、熱流束は温度勾配に比例する。式(9.3)は**フーリエの法則**とよばれ、比例定数 k〔J/(m·s·K)〕を**熱伝導度**(thermal conductivity)という。k の前にマイナスの符号がついているのは、温度 T が減少する方向に熱移動

が起こる（温度勾配の符号がマイナスとなる）ためである。

式 (9.3) は，密度〔kg/m^3〕×比熱〔$J/(kg\cdot K)$〕×温度〔K〕すなわち単位体積あたりの熱エネルギー $\rho C_p T$〔J/m^3〕を用いてつぎのように書き換えられる。

$$q = -\alpha \frac{d(\rho C_p T)}{dy} \tag{9.4}$$

ここで，$\alpha(=k/(\rho C_p))$〔m^2/s〕は**熱拡散率**（thermal diffusivity）とよばれる物性値である。式 (9.4) は，熱流束は熱エネルギー勾配に比例することを示している。

9.1.3 物質移動と拡散係数

コップに入った水にインクを1滴垂らすと，インクの濃い部分が薄まりながら徐々に水全体にインクが広がっていき，最終的にはコップのなかの水全体が一様に着色する。コップのなかの水を混ぜなくても，インクの濃度を均一にするように自発的にインク分子の移動が起こる。このように物質がジワジワと媒体中を移動する現象を**拡散**（diffusion）という。上記の場合では，インク分子自身のブラウン運動により拡散が起こることから，**分子拡散**（molecular diffusion）とよばれる。

図9.4のように，ある媒体内の面Aと面Bとの間で濃度差が生じている場合，高濃度側の面Aから低濃度側の面Bに向かって物質が分子拡散により移動する。このとき，単位面積・単位時間あたりの**物質移動流束** J〔$mol/(m^2\cdot s)$〕

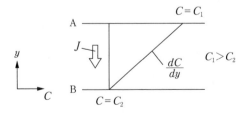

図9.4 濃度の異なる2面間の濃度分布と分子拡散による物質移動

124   9. バイオプロセスの操作要素

表9.1 298 K におけるいろいろな物質の拡散係数[1),3)]

溶 質	拡散係数 D $[10^{-9}\,\mathrm{m^2/s}]$
CO_2	1.50
NaCl	1.35
O_2	2.08
エタノール	1.00
グリセリン	0.72
酢 酸	0.88
スクロース	0.45
フェノール	0.84
メタノール	1.28

と面 AB 間の濃度勾配 dC/dy との間に次式の関係が成り立つ。

$$J = -D\frac{dC}{dy} \tag{9.5}$$

すなわち，物質移動流束は濃度勾配に比例する。式 (9.5) は**フィックの（第一）法則**とよばれ，比例定数 D $[\mathrm{m^2/s}]$ を**拡散係数** (diffusion coefficient) という。D の前にマイナスの符号がついているのは濃度 C が減少する方向に物質移動が起こる（濃度勾配の符号がマイナスとなる）ためである。

いろいろな物質の水溶液中の拡散係数の値を**表9.1** に示した。低分子物質では $10^{-9} \sim 10^{-10}\,\mathrm{m^2/s}$ 程度，高分子物質（タンパク質など）では $10^{-11}\,\mathrm{m^2/s}$ 程度である。

【例題9.1】 ヤング (M. E. Young) らは，さまざまなタンパク質の水中における拡散係数を調べ，拡散係数 D $[\mathrm{cm^2/s}]$ とタンパク質の分子量 M の相関としてつぎの実験式を得た[7)]。

$$\frac{D\mu}{T} = 8.34 \times 10^{-8} \times M^{-1/3}$$

ここで式中の粘度 μ の単位は $[\mathrm{mPa \cdot s}]$ である。この式を用いて分子量 25 000 のタンパク質の 20℃ における拡散係数を求めよ。ただし 20℃ における水の粘度は 1.0 mPa·s とする。

解答　与えられた実験式より

$D = 8.34 \times 10^{-8} \times M^{-1/3} \times \dfrac{T}{\mu}$

$\quad = 8.34 \times 10^{-8} \times (25\,000)^{-1/3} \times \dfrac{293}{1.0}$

$\quad = 8.35 \times 10^{-7}\,\mathrm{cm^2/s}$ 　　　　　　　　　　　　（答）

なお，拡散係数の単位を $[\mathrm{m^2/s}]$ で表すと $8.35 \times 10^{-11}\,\mathrm{m^2/s}$ となり，大きなタンパク質分子の拡散係数は表 9.1 に示した低分子物質よりもかなり小さいことがわかる。

9.1.4 移動現象の相似性（アナロジー）

流動に関するニュートンの粘性の法則（式 (9.1)，(9.2)），熱移動に関するフーリエの法則（式 (9.3)，(9.4)），および分子拡散に関するフィックの法則（式 (9.5)）がたがいに数学的に似た形をしていることに気づく。すなわち

$$（流束）= -（移動物性）\times（勾配） \tag{9.6}$$

という共通の形で表されている。移動物性は移動現象の進みやすさ，勾配は移動現象の推進力の大きさにそれぞれ対応する。単位体積あたりの運動量，熱エネルギー，物質量の移動の形で比較すると，対応する三つの移動物性（動粘度，熱拡散率，拡散係数）の単位はいずれも同じ〔m^2/s〕である。このような**移動現象の相似性（アナロジー）**は，いずれの移動現象もその本質は分子運動に基づくことによる。**表9.2**に各移動現象に関わる法則の相似性をまとめた。

表9.2　移動現象の相似性

移動する物理量	運動量	熱エネルギー	物質量
法　則	ニュートンの法則 $$\tau_{xy} = -\mu\left(\frac{dv_x}{dy}\right)$$ （せん断応力）= -（粘度）×（速度勾配）	フーリエの法則 $$q = -k\left(\frac{dT}{dy}\right)$$ （熱流束）= -（熱伝導度）×（温度勾配）	フィックの法則 $$J = -D\left(\frac{dC}{dy}\right)$$ （物質移動流束）= -（拡散係数）×（濃度勾配）
基本物性	粘度 μ〔Pa·s〕	熱伝導度 k〔$J/(m \cdot s \cdot K)$〕	拡散係数 D〔m^2/s〕
運動量，熱エネルギー，濃度の勾配にそれぞれ変形	$$\tau_{xy} = -\nu\left(\frac{d(\rho v_x)}{dy}\right)$$	$$q = -\alpha\left(\frac{d(\rho C_p T)}{dy}\right)$$	$$J = -D\left(\frac{dC}{dy}\right)$$
移動のしやすさの指標	動粘度 ν〔m^2/s〕	熱拡散率 α〔m^2/s〕	拡散係数 D〔m^2/s〕

9.2　バイオリアクター内の物質移動 ― 培養槽への酸素供給 ―

9.2.1　境界層と境膜説

図9.5のように，静止した固体平板近傍を流れる流体について考えてみよ

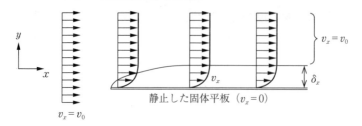

図9.5 静止した固体平板近傍での流れと境界層の形成

う。平板の手前では，流体は一様な流速 v_0 で流れている。固体平板は静止しているため，平板と接した面 ($y=0$) では流速は 0 である。平板近傍では，流速の遅い流体部分から粘性の影響を受けるため，流体の流速 v_x は平板から十分離れた流体部分の流速 ($=v_0$) よりも遅くなる。このとき，平板から δ_x 以上離れると平板の影響は無視できると考える。

この平板近傍における，粘性力が顕著に現れる厚さ δ_x の薄い層を**境界層** (boundary layer) という。

境界層内では粘性力が支配的であり，その外側では粘性の影響を無視できるものとして解析を容易にすることができる（理論上は $y=\infty$ で $v_x=v_0$ となるが，実際には $v_x=0.99\,v_0$ となるところまでの厚さを近似的に境界層の厚さとして扱うことが多い）。

熱移動や物質移動についても，流速と同様に温度境界層や濃度境界層の考え方を適用することができる。

境界層をさらに単純にモデル化した考え方が**境膜説**（film theory）である（**図9.6**）。いま，固体表面近傍に動かない流体層の部分があり，その外側に流れがあると仮定する。この動かない流体層を境膜とよび，境膜内では分子拡散や熱伝導により物質や熱が移動すると考える。この境膜の厚さ δ_x を適切に評価することで，対象とする系での移動現象を推算することができる。

燃えている炭をうちわであおぐと赤く燃え上がる，熱い風呂につかって手足を動かすとより熱く感じる，ドライヤーを使うと髪を速く乾かすことができる，といった事象には物質移動や熱移動が関わっている。

9.2 バイオリアクター内の物質移動 — 培養槽への酸素供給 —

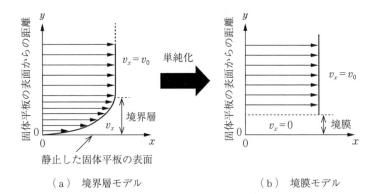

(a) 境界層モデル　　　　　(b) 境膜モデル

図 9.6 境界層モデルと境膜モデルの比較

いずれも，境膜説に基づけば，固体周囲の流体を流れによって乱すことで境膜が薄くなり物質移動や熱移動が促進される，と解釈することができ，状況を近似的に説明することができる。

9.2.2 二重境膜モデルと酸素移動容量係数 $k_L a$

微生物などの細胞を培養する場合，培養液中に空気を吹き込んで酸素を供給することがよく行われる。その際，気泡内に含まれる酸素が培養液中に溶解し，培養液中に溶解した酸素を微生物が利用することになる（**図 9.7**）。水に対する酸素の溶解度は低い（大気圧の空気と接している 37 ℃の水では，酸素

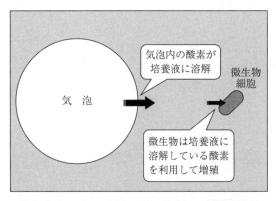

図 9.7 気泡から培養液，微生物細胞への酸素の移動

の飽和溶解度はわずか7mg/L程度)ため,好気性微生物の培養では培養液への酸素供給が律速因子となることが多い。装置のスケールアップ時にも,酸素供給能力が十分維持されるように考慮する必要がある。ここでは,培養液中に空気を供給する際の気泡からの酸素移動について考える。

気泡となって培養槽中に分散している空気からは,気体と液体の界面(気液界面)を介して酸素が培養液中に移動する。ルイス(W. K. Lewis)とホイットマン(W. G. Whitman)は,1924年に界面近傍の気相と液相の両方に酸素が分子拡散のみによって移動する静止流体層すなわち境膜を想定した**二重境膜モデル**を提出した(**図9.8**)。

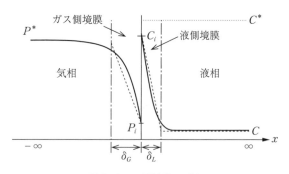

図9.8　二重境膜モデル

このモデルでは,界面から十分離れた気相本体および液相本体は十分撹拌・混合されており,酸素分圧および酸素濃度はそれぞれ均一であると考える。すなわち,濃度勾配は境膜内にのみ存在すると考える。気相本体の酸素分圧をP^*,気液界面での酸素分圧をP_i,気液界面での酸素濃度をC_i,液相本体の酸素濃度をCとおくと,気液界面では次式に示す**ヘンリーの法則**が成り立つ。

$$P_i = H C_i \tag{9.7}$$

ここでHは**ヘンリー定数**である。

単位面積を単位時間に通過する酸素の移動流束J_{O_2}は次式で表される。

$$J_{O_2} = k_G (P^* - P_i) \tag{9.8}$$

ここでk_Gは気相側**物質移動係数**である。P^*に平衡な酸素濃度をC^*とすると,

9.2 バイオリアクター内の物質移動 — 培養槽への酸素供給 — 129

式 (9.7) と同様に次式が成り立つ。

$$P^* = H C^* \tag{9.9}$$

したがって，式 (9.8) はつぎのように書き換えることができる。

$$J_{O_2} = k_G(H C^* - H C_i) \tag{9.10}$$

また，定常状態では，J_{O_2} は液境膜を移動する酸素移動流束と等しいので，次式が成り立つ。

$$J_{O_2} = k_L(C_i - C) \tag{9.11}$$

ここで k_L は液相側物質移動係数である。

式 (9.10) および式 (9.11) から測定が難しい C_i を消去すると，次式を得る。

$$J_{O_2} = K_L(C^* - C) \tag{9.12}$$

ここで，K_L は液相基準の総括物質移動係数であり，次式で与えられる。

$$\frac{1}{K_L} = \frac{1}{Hk_G} + \frac{1}{k_L} \tag{9.13}$$

酸素に対するヘンリー定数の大きさや，k_G および k_L の大きさのオーダーを考慮すると，式 (9.13) の右辺第 1 項は無視できるほど小さい。結局，$K_L \fallingdotseq k_L$ となり，全体の酸素移動速度は液相側の酸素移動速度に支配されていることがわかる。したがって，式 (9.12) はつぎのようになる。

$$J_{O_2} = k_L(C^* - C) \tag{9.14}$$

培養液単位体積あたりの気液界面積を a とすると，培養液単位体積あたりの酸素移動速度は $J_{O_2} \times a$ で表される。

$$J_{O_2} a = k_L a(C^* - C) \tag{9.15}$$

$k_L a$ は**酸素移動容量係数**（volumetric oxygen transfer coefficient）とよばれ，培養槽の酸素供給能力を表す重要なパラメーターである。$k_L a$ の単位は慣例的に〔1/h〕が用いられる。

9.2.3 $k_L a$ に影響を及ぼす因子

酸素供給能力を高めるためには，$k_L a$ を大きくすることが重要である。$k_L a$ は，撹拌速度，通気速度，培養槽体積，菌体量，添加物濃度（培地成分，塩

類，消泡剤など）などのさまざまな要因により変化する。

前述のとおり，$k_L a$ は液相側物質移動係数と単位体積あたりの気液界面積の積である。物質移動係数は（溶質の拡散係数）/（境膜の厚さ）という物理的意味をもつ。したがって，撹拌などの物理的操作により境膜厚みを薄くすれば k_L が大きくなり $k_L a$ も大きくなると考えられる。しかし，通常の通気撹拌培養槽では十分な乱流状態で運転が行われるため，現実的には撹拌速度の増加による境膜厚さの減少はあまり期待できない。培養液の粘度が上がると境膜は厚くなるが，培養液の粘度を人為的に低下させることは困難である。そのため，一般に k_L を大幅に増大させることは現実的ではない。

一方，気泡を細かく分散させれば，単位体積あたりの気液界面積 a も増大するため，$k_L a$ も大きくなる。撹拌により気泡を細かく細分化することは非常に効果的である。気泡のサイズが同じであれば，通気速度を大きくすることで $k_L a$ は増大するが，現実的にはそれほど効果的ではない。培養装置の $k_L a$ を測定し（方法については参考書を参照されたい），通気速度 V と撹拌速度 N を用いてつぎのような相間式をつくることで通気や撹拌の効果を調べることができる。

$$k_L a = \alpha\, V^\beta N^\gamma \tag{9.16}$$

ここで α，β，γ は条件に依存する定数である。

前述のように，さまざまな要因によって $k_L a$ は影響を受けるが，おおよその値の目安としては振とうフラスコで $50\ \mathrm{h}^{-1}$ 程度，ジャーファーメンターでは数百 h^{-1} 程度とされており，気泡塔型などの酸素供給能力の高い培養装置では $1\,000\ \mathrm{h}^{-1}$ 以上の高い値が得られるものもある。

9.3 滅 菌 操 作

9.3.1 微生物死滅の速度論

加熱による微生物の死滅過程は，化学反応の一次反応と同じ傾向を示す場合が多い。死滅が一次反応的に進行する場合，生菌濃度 n〔cells / mL〕の時間変

9.3 滅 菌 操 作　　*131*

化すなわち**死滅速度**は n に比例し，次式で表される。

$$\frac{dn}{dt} = -k_t n \tag{9.17}$$

ここで k_t は熱死滅速度定数〔1/s〕，t は熱処理時間〔s〕である。式 (9.17) を積分すると，t と n の関係を示す次式が得られる。

$$\frac{n}{n_0} = \exp(-k_t t) \tag{9.18}$$

ここで，n_0 は熱処理前の初期生菌濃度である。生菌濃度が初期の10分の1 $(n/n_0 = 1/10)$ となる時間は **D値** とよばれる。定義より，D 値はつぎのように表される。

$$\frac{1}{10} = \exp(-k_t D) \tag{9.19}$$

$$D = \frac{2.303}{k_t} \tag{9.20}$$

【例題9.2】　100℃で細菌の加熱殺菌を行ったところ，**表9.3**の結果が得られた。このときの熱死滅速度定数 k_t および D 値を求めよ。

表9.3　100℃で殺菌したときの生菌数の経時変化

時間 t〔s〕	生菌数 n〔cells/mL〕
0	2.16×10^9
60	1.45×10^9
120	9.38×10^8
180	6.56×10^8
240	4.49×10^8
300	2.95×10^8

解答　式 (9.18) の両辺の対数をとると，つぎのように表せる。

$$\ln\left(\frac{n}{n_0}\right) = -k_t t$$

表9.3のデータをもとに，t に対して $\ln(n/n_0)$ をプロットすると**図9.9**のようなグラフになる。

　グラフの直線の傾きが $-k_t$ であるから，グラフより $k_t = 6.60 \times 10^{-3}\,\mathrm{s}^{-1}$ が求まり，

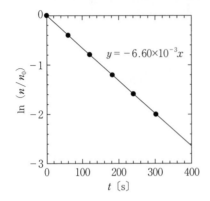

図9.9 t 対 $\ln(n/n_0)$ のグラフ

式 (9.20) より $D = 2.303/k_t = 3.49 \times 10^2$ s が求まる。　　　　（答）

　一般の一次反応と同様，微生物の死滅過程においても，熱死滅速度定数に対する温度の影響は，つぎの**アレニウスの式**に従うことが経験的に知られている。

$$k_t = A \exp\left(-\frac{E_a}{RT}\right) \tag{9.21}$$

または

$$\ln k_t = \ln A - \frac{E_a}{RT} \tag{9.22}$$

ここで，A は頻度因子〔1/s〕，E_a は**活性化エネルギー**〔J/mol〕，R は気体定数〔J/(mol·K)〕，T は絶対温度〔K〕である。

　式 (9.22) から，熱死滅速度定数の自然対数 ($\ln k_t$) を絶対温度の逆数 ($1/T$) に対してプロット（**アレニウスプロット**）すると直線のグラフが得られる。この直線の傾きは $-E_a/R$ を示す。R は定数なので，直線の傾きは E_a の大きさで決まる。

　一般に，胞子の熱死滅の活性化エネルギーは，栄養成分（ビタミンやアミノ酸など）の熱破壊の活性化エネルギーよりも大きい（**図9.10**）。このことは，栄養成分の熱破壊を抑えつつ目的の殺菌レベルを達成するためには，高温・短時間の殺菌が効果的であることを示している。

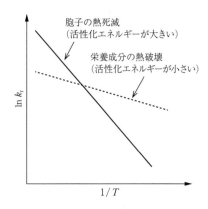

図 9.10 胞子の熱死滅と栄養成分の熱破壊のアレニウスプロット

9.3.2 殺菌と加熱操作

微生物の死滅速度と温度との関係は，式 (9.17) および式 (9.21) より，次式のように表せる．

$$\frac{dn}{dt} = -An \exp\left(-\frac{E_a}{RT}\right) \tag{9.23}$$

ここで，k_t と t との間に関数関係がないものとして両辺を積分すれば

$$\ln\left(\frac{n_0}{n}\right) = A \exp\left(-\frac{E_a}{RT}\right) t \tag{9.24}$$

この式の左辺を ∇ とおき，両辺の対数をとると，次式を得る．

$$\ln\left(\frac{\nabla}{A}\right) = -\frac{E_a}{RT} + \ln t \tag{9.25}$$

∇ の値は殺菌の度合いを表しており，∇ が大きいほど殺菌後の生菌数が少なく厳しい殺菌条件となることを意味している．式 (9.25) より，$\ln t$ を $1/T$ に対してプロットすると**図 9.11**のようなグラフとなり，各直線は目的の殺菌の度合い (∇) が達成される条件群を表している．

回分式の殺菌操作では，目的の殺菌温度に達するまでの昇温時間，および殺菌温度から培養温度までの冷却時間における加熱の効果も無視することができない．**図 9.12**のように，昇温および冷却時の殺菌効果も考慮すれば，全体の殺菌の度合いを示す ∇_{total} は次式で与えられる．

$$\nabla_{\text{total}} = \nabla_{昇温} + \nabla_{保持} + \nabla_{冷却} \tag{9.26}$$

134　9. バイオプロセスの操作要素

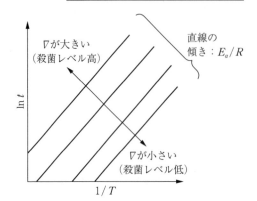

図9.11 同じ∇を得るための殺菌時間と温度との関係

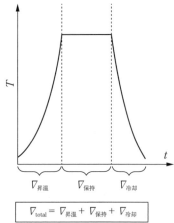

図9.12 回分殺菌における∇の考え方

　殺菌条件の設定にあたっては，∇_{total}が目的を達成するレベルになればよいことになるが，昇温・冷却時すなわち温度が一定でないときの∇を計算することは難しい。そのため，加熱・昇温時の単位時間（区間）ごとに死滅速度を考える図上積分法などの方法が提案されている。

コラム　培養液の流動特性とレオロジー

　液体の「サラサラさ」や「トロトロさ」といえば，直感的に液体の粘度がイメージされる。それでは「ドロドロ」「ネバネバ」「もったり」といった状態についてはどうだろうか。このような液体の流動特性を扱う科学・技術の領域をレオロジーとよぶ。レオロジーは，液体の流動特性に加えて，「ぐにゃぐにゃ」「ぷるぷる」「もっちり」「ボソボソ」のような固体・半固体の変形特性も含めた「物体の流動と変形」を対象とする学問体系である。

　微生物の培養では，菌体の濃度や形状が培養液の流動特性に影響を及ぼし，通気や撹拌操作の効率が大きく変化する。特に，糸状菌や放線菌の培養では，菌体が高濃度になると培養液はドロドロになり非ニュートン流体となる。このような場合，培養液を十分に撹拌・混合し，菌体に効率良く酸素を供給することがしばしば困難になる。適切な培養操作を行うためには，培養液のレオロジー特性をふまえたうえで，装置形状や操作条件を工夫することが必要である。

演 習 問 題 　135

················· **演 習 問 題** ·················

【9.1】 真夏の室内に置かれた直径 25 cm のスイカが 2 個ある。一つのスイカは丸
ごと，もう一つのスイカは厚さ 3 cm ほどの扇形状にカットして冷蔵庫で同
時に冷やしはじめたところ，両者が食べごろの温度まで冷えるのにかかる
時間は大きく異なった。どちらが先に食べごろになるか答え，その理由を
考察せよ。

【9.2】 6 章演習問題 **【6.4】** において，物質移動流束 J にフィックの法則式 (9.5)
を代入し物質収支式（フィックの第二法則）を導出せよ。

【9.3】 式 (9.9) に基づき，20℃，大気圧下で空気に接している水への酸素の溶解
度を求めよ。ただし，空気中の酸素のモル分率は 0.2 とし，上記条件での
ヘンリー定数の値は $7.3 \times 10^4\,\mathrm{Pa\,m^3/mol}$ とする。

【9.4】 つぎの因子を増大させたとき，$k_L a$ は増加するか，減少するか，または影響
がないか考察せよ。
 （1） 撹拌速度
 （2） 供給ガス中の酸素分圧
 （3） 供給ガスの全圧
 （4） 気泡の直径
 （5） 培養液の粘度

【9.5】 ある微生物の熱死滅の活性化エネルギーが 283 kJ/mol であるとき，95℃と
115℃ではこの微生物の熱死滅速度はどれだけ異なるか調べよ。また，熱破
壊の活性化エネルギーが 35 kJ/mol である栄養成分についても同様に温度
よる熱破壊速度の違いを調べよ。

10章 酵素反応速度論

◆本章のテーマ

　生物関連産業におけるモノづくりにおいて，中心的な役割を担っているのは多種多様な微生物，組織や器官などの"生体触媒"である。触媒は，さまざまな化学反応の進行を促進する作用を有しており，その実体は酵素である。酵素を使用することにより，化学反応がどのようなメカニズムで，どのくらいの速度で進行するかを知ることは，定量的な操作が必要とされるモノづくりの場面においては，実用的にもきわめて重要である。

　本章では，酵素反応のメカニズム，反応速度の考え方や計算法に関する基本的な事項を学ぶ。

◆本章の構成（キーワード）

10.1 酵素とは
　　　発酵，腐敗，触媒，パスツール，ブフナー
10.2 酵素反応の速度論
　　　最大反応速度，ミカエリス定数，ミカエリス・メンテンの式
10.3 酵素反応の阻害
　　　拮抗阻害，非拮抗阻害，不拮抗阻害
10.4 酵素反応における定数値の算出
　　　Lineweaver-Burk プロット

◆本章で知ってほしいこと（チェックポイント）

☐ 酵素反応は独特なメカニズムで進行すること。
☐ 酵素反応の速度はミカエリス・メンテンの式で表現できること。
☐ 酵素（反応）はさまざまな型式での阻害を受けること。
☐ 酵素反応の状態は，最大反応速度とミカエリス定数で説明できること。
☐ 最大反応速度およびミカエリス定数は作図により求めることができること。

10.1 酵素とは

　人類は有史以来の長きにわたり，発酵や腐敗という現象を通じて酵素と接してきた。19世紀になると，パスツール（L. Pasteur）により，生物は自然発生しないこと，生物が存在しないと発酵（腐敗）現象が生じないことが示された。「酵素」の英語表記である"enzyme"の語は「酵母のなか（in yeast）」という意味のギリシア語に由来するもので，1878年にドイツの生理学者であるキューネ（W. Kühne）によってつけられたものであるが，当時は，生物から酵素を抽出する術はなく，しかも酵素は生物と同じように熱により失活してしまうため，発酵（腐敗）現象の主体が酵素であることを見極めることはきわめて困難であった。実験科学的に酵素の存在が確定されたのは，1986年のブフナー（E. Buchner）の実験によるとされている。彼は，酵母の無細胞抽出物を用いてアルコール発酵を達成したのである。しかし，酵素の実態がタンパク質であることが判明するまでにはさらに時間を要し，1926年にウレアーゼが結晶化されてからのこととなる。

　微生物をはじめとする生物の細胞内のさまざまな生物化学反応は，そのそれぞれが酵素の触媒作用によって進行している。**触媒**は，特定の化学反応の活性化エネルギーを低下させて反応の進行を促進させるが，それ自身は反応の前後で質的にも量的にも変化しない物質のことであり（**図10.1**），比較的容易に再利用可能なものもある。化学工業や有機合成分野で使用されている触媒に対して，酵素（微生物菌体や動植物細胞などの生物素材を含む場合もある）は一般に**生体触媒**とよばれている。生物関連産業において，実用的な規模でのモノづくりを効率的に実施するためには，生体触媒の基本的特性を十分に理解し，目的に合致した生体触媒の選択，最適反応条件の設定，反応や培養に適したタンクの開発・設計などを行うことが必要不可欠であり，その際の基礎となるのが酵素反応速度論的な考え方である。

138   10. 酵素反応速度論

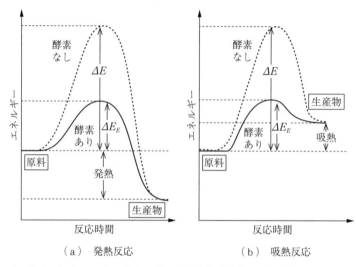

図 (a), (b) いずれの場合にも，原料から生産物に至る反応において，活性化エネルギー（図中の ΔE や ΔE_E）といわれる，"エネルギーの山"を越えなければならない。酵素には，その山を小さくし反応を進みやすくする作用がある。ただし，酵素それ自体は反応により消失することはない。

図 10.1 酵素作用による活性化エネルギーの低下

10.2 酵素反応の速度論

酵素 E と基質 S とが反応して生産物 P が生じる反応は，化学量論的に以下のように表される。

$$\mathrm{E+S} \underset{k_1'}{\overset{k_1}{\rightleftarrows}} \mathrm{ES} \overset{k_2}{\longrightarrow} \mathrm{E+P} \tag{10.1}$$

すなわち，基質 S の濃度が酵素 E の濃度よりも十分に大きいという条件下で，はじめに酵素 E は基質 S と可逆的に結合して「酵素・基質複合体（ES コンプレックスともよばれる）」が形成される。式 (10.1) では，酵素 E と基質 S から酵素・基質複合体が形成される正反応の反応速度定数が k_1，酵素・基質複合体が分解されて酵素 E と基質 S に戻る逆反応の反応速度定数が k_1' で示されており，この部分に化学平衡が成立している）。次いで，酵素・基質複合体

10.2 酵素反応の速度論 139

から生成された生産物Pが離脱し，生体触媒である酵素は初発の状態に戻る（本反応の反応速度定数がk_2で示されている）。ちなみに，化学量論式で示されている酵素反応は，一つの反応槽中で進行しているものであり，式中の2か所に表示されている酵素E，すなわち基質Sと結合しようとしている酵素E，と反応が終了して初発の状態に戻った酵素Eとは同一の酵素であって，両者の識別はできない。

　酵素を利用するモノづくりを定量的に取り扱う場合には，生産物Pの生成する速度v_pを知ることが重要であり，その代表的な算出法として①律速段階法および②定常状態法の二つが知られている。

10.2.1　律速段階法によるv_pの算出

　当該酵素反応において，「酵素Eと基質Sとが結合して酵素・基質複合ESが生成する速度v_1のほうが，酵素・基質複合ESから生産物Pが生成する速度v_2よりもきわめて大きい」という考え方，すなわち「生産物Pの生成する速度v_pの律速となっているのはv_2である」という考えに基づく算出法である。この考えに基づいて化学量論式から得られる情報を数式として整理すると以下のようになる（注：式中のCはそれぞれ添字で示された物質の濃度を示すものである）。はじめに，ESの生成・分解に関する化学平衡に関して

$$v_1 = k_1 C_E C_S = k_1' C_{ES} \tag{10.2}$$

生産物の生成速度に関して

$$v_p = v_2 = k_2 C_{ES} \tag{10.3}$$

また，反応系内に存在している全酵素の濃度は反応の前後で不変であり，それは「反応系内に遊離の状態で存在している酵素」の濃度と「酵素・基質複合体として存在している酵素」の濃度の和として表される。そこで，反応系に投入された酵素の濃度をC_{E0}とすると，式（10.4）が得られる。

$$C_{E0} = C_E + C_{ES} \tag{10.4}$$

ここで，C_{ES}の値を知ることができれば式（10.3）により生産物の生成速度v_pが算出可能であるが，C_{ES}を酵素化学実験的に定量することは事実上不可能で

140   10. 酵素反応速度論

ある。すなわち，式 (10.2) から式 (10.4) の各項において，実験者が知り得るのは，各反応速度定数（k_1，k_1' および k_2），実験に用いた酵素濃度 C_{E0} および実験に用いた基質濃度 C_S のみである。したがって，式 (10.3) で表されている反応速度 v_p を，これら既知の各項で表示する（換言すれば，v_p を表す式中から，酵素化学実験的に未知・定量不可能な項を削除する）という方針で式の整理を行うことで，生産物生成速度 v_p を表す実用的な式が得られることになる。

式 (10.2) より

$$C_{ES} = \frac{k_1}{k_1'} C_E C_S \tag{10.5}$$

式 (10.5) を式 (10.4) に代入すると

$$C_{E0} = C_E + \frac{k_1}{k_1'} C_E C_S \tag{10.6}$$

したがって

$$C_E = \frac{C_{E0}}{1 + (k_1/k_1')C_S} \tag{10.7}$$

式 (10.7) を式 (10.5) に代入すると

$$C_{ES} = \frac{k_1}{k_1'} C_E C_S = \frac{(k_1/k_1')C_{E0}C_S}{1 + (k_1/k_1')C_S} \tag{10.8}$$

式 (10.8) を式 (10.3) に代入すると

$$v_p = k_2 C_{ES} = \frac{(k_1/k_1')k_2 C_{E0}C_S}{1 + (k_1/k_1')C_S}$$

$$= \frac{k_2 C_{E0}C_S}{(k_1'/k_1) + C_S} \tag{10.9}$$

となり，v_p を定数および実験的に既知・定量可能な項で表すことができる。式 (10.9) において，$k_2 C_{E0}$ は**最大反応速度** V_m を表している。すなわち，反応系内の全酵素が基質と結合している（$C_{ES} = C_{E0}$）とすると，その時点において生産物の生成速度は最大値を示す」と考えるわけである。また，k_1'/k_1 の部分は **Michaelis**（ミカエリス）**定数** K_m とよばれる。

以上より，生産物の生成速度 v_p は

$$v_p = \frac{V_m C_S}{K_m + C_S} \tag{10.10}$$

で表される。これを **Michaelis-Menten**（ミカエリス・メンテン）**の式**といい，これを図で示したものが**図 10.2** である。なお，K_m は定数ではあるが，その値は温度などの反応条件によって変動し，酵素反応の進行のしやすさの指標となるものである。例えば，反応条件を変えたことにより当該酵素反応の K_m 値が増大したとすると，それは「k_1' が増大，あるいは k_1 が減少」と同意であり，酵素・基質複合体が生成しにくくなったことを意味しているので，酵素反応は反応条件を変える前よりも進みにくくなったことを表している。一方，K_m 値が減少した場合には，「k_1' が減少，あるいは k_1 が増大して酵素・基質複合体がより生成しやすくなった」すなわち酵素反応が進行しやすくなったことを意味している。

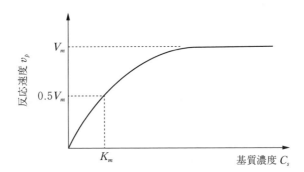

Michaelis-Menten の式からもわかるように，最大反応速度の2分の1となるときの基質濃度が K_m に相当する。

図 10.2 基質濃度と反応速度の関係

10.2.2　定常状態法による v_p の算出

酵素反応の化学量論式 (10.1) において，反応開始直後以外は，「反応系内における酵素・基質複合体 ES 濃度は比較的低い一定値に保たれている」という考え方，すなわち「酵素・基質複合体 ES 生成速度 v_1 は，その分解速度および消失速度の和と等しく，定常状態が維持されている」という考えに基づく

142 | 10. 酵素反応速度論

算出法である。この考えに基づいて化学量論式から得られる情報を数式として整理すると以下のようになる（注：式中の C はそれぞれ添字で示された物質の濃度を示すものである）。はじめに，ES の定常状態に関して

$$v_1 = k_1 C_E C_S = k_1{'} C_{ES} + k_2 C_{ES} \tag{10.11}$$

生産物の生成速度 v_p および反応系内の酵素濃度に関しては，10.2.1 項での取扱いと同様で

$$v_p = v_2 = k_2 C_{ES} \tag{10.3（再掲）}$$
$$C_{E0} = C_E + C_{ES} \tag{10.4（再掲）}$$

である。

生産物生成速度 v_p を表す実用的な式を得るために式を整理する方針は前項と同様に「v_p を表す式中から，酵素化学実験的に未知・定量不可能な項を削除する」であり，その結果式（10.12）が得られる。

$$
\begin{aligned}
v_p &= \frac{k_2 C_{E0} C_S}{(k_1{'} + k_2)/k_1 + C_S} \\
&= \frac{V_m C_S}{K_m + C_S}
\end{aligned} \tag{10.12}
$$

ちなみに式（10.10）と式（10.12）とでは，K_m の意味合いが若干異なるので注意が必要である。式（10.10）を導き出した律速段階法においては，「酵素・基質複合体 ES が生成する速度 v_1 のほうが，酵素・基質複合体 ES から生産物 P が生成する速度 v_2 よりもきわめて大きい」すなわち，「$k_2 \ll k_1$」と仮定したことになる。したがって，この考え方を式（10.12）に適用すると，式中の分母部分において

$$\frac{k_1{'} + k_2}{k_1} = \frac{k_1{'}}{k_1} + \frac{k_2}{k_1} \doteqdot \frac{k_1{'}}{k_1} = K_m$$

と解釈することができ，これが両者の考え方の関係を示すものである。

10.3 酵素反応の阻害 143

10.3 酵素反応の阻害

自然界には，酵素分子に結合して酵素活性，すなわち酵素反応速度を低下させる物質が存在する。これを**阻害剤**（inhibitor）という。酵素分子に可逆的に結合する阻害剤は可逆的阻害剤とよばれ，その種類によって酵素反応の阻害形式が異なる。

10.3.1 拮抗阻害型の酵素反応

拮抗阻害（competitive inhibition）は競争阻害ともいわれ，① 阻害剤と基質とが酵素の同一部位を奪い合う，あるいは ② 阻害剤は基質とは別の部位で酵素と結合するが阻害剤が結合するとそこには酵素が結合できない，という形式である（**図 10.3**）。

これを化学量論的に表記すると，式（10.13）のようになる。

$$\begin{array}{c} \mathrm{E+S} \underset{k_1'}{\overset{k_1}{\rightleftharpoons}} \ \mathrm{ES} \overset{k_2}{\longrightarrow} \mathrm{E+P} \\ + \\ \mathrm{I} \\ {\scriptstyle k_1} \big\Updownarrow {\scriptstyle k_1'} \\ \mathrm{EI} \end{array} \tag{10.13}$$

これを律速段階法で取り扱うと，ES の生成・分解の化学平衡に関して

$$v_1 = k_1 C_E C_S = k_1' C_{ES} \tag{10.2}（再掲）$$

生産物の生成速度に関して

$$v_p = v_2 = k_2 C_{ES} \tag{10.3}（再掲）$$

酵素・阻害剤複合体 EI の生成・分解の化学平衡に関して

$$v_3 = k_I C_E C_I = k_I' C_{EI} \tag{10.14}$$

酵素濃度に関して

$$C_{E0} = C_E + C_{ES} + C_{EI} \tag{10.15}$$

が得られる。生産物生成速度 v_p を表す実用的な式を得るために式を整理する方針は，これまでと同様に「v_p を表す式中から，酵素化学実験的に未知・定

144   10. 酵素反応速度論

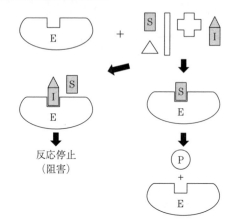

(a) 酵素の活性部位を基質と阻害剤とが奪い合うことで生じる阻害型式

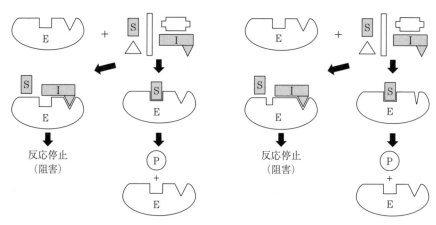

(b) 基質および阻害剤の酵素への吸着部位は異なるが，一方の吸着が他方の吸着を阻害する。

(c) 基質および阻害剤の酵素への吸着部位は異なるが，一方の吸着が酵素の立体構造変化をもたらし，他方の吸着を阻害する。

図10.3 拮抗阻害型反応の様相

量不可能な項（ここでは，C_E，C_{ES}，およびC_{EI}である。阻害剤の存在とその平衡状態は確認できているので，C_I，k_Iおよびk_I'は既知と考える）を削除する」であり，その結果式 (10.16) が得られる。

$$v_p = \frac{V_m C_S}{K_m\left(1 + \dfrac{C_I}{k_I{'}/k_I}\right) + C_S} \quad (10.16)$$

10.3.2 非拮抗阻害型の酵素反応

非拮抗阻害(non-competitive inhibition)型の反応では，阻害剤は基質とは別の部位で酵素に結合し，基質と酵素との結合を妨げない．しかし，阻害剤が酵素に結合してしまうと酵素の立体構造が変化してしまい，生産物が生成されなくなる（図 10.4）．これを化学量論的に表記すると，式(10.17)のようになる．

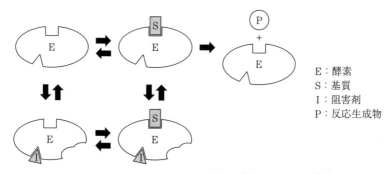

基質および阻害剤の酵素への吸着部位は異なり，たがいに他方の吸着を妨げることはしない．しかし，阻害剤が吸着した場合には，酵素の立体構造が変化し，反応生成物は生じない．

図 10.4 非拮抗阻害型反応の様相

$$\begin{array}{ccc}
E + S & \underset{k_1{'}}{\overset{k_1}{\rightleftarrows}} & ES \xrightarrow{k_2} E + P \\
+ & & + \\
I & & I \\
k_I \updownarrow k_I{'} & & k_I \updownarrow k_I{'} \\
EI + S & \underset{k_1{'}}{\overset{k_1}{\rightleftarrows}} & ESI
\end{array} \quad (10.17)$$

これを律速段階法で取り扱うと，ES の生成・分解の化学平衡に関して

$$v_1 = k_1 C_E C_S = k_1{'} C_{ES} \quad (10.2)\text{（再掲）}$$

生産物の生成速度に関して

146   10. 酵素反応速度論

$$v_p = v_2 = k_2 C_{ES} \tag{10.3}（再掲）$$

酵素・阻害物質複合体 EI の生成・分解の化学平衡に関して

$$v_3 = k_I C_E C_I = k_I{}' C_{EI} \tag{10.14}（再掲）$$

酵素・基質・阻害剤複合体 ESI の生成・分解の化学平衡に関して

$$v_4 = k_I C_{ES} C_I = k_I{}' C_{ESI} \tag{10.18}$$

$$v_5 = k_1 C_{EI} C_S = k_1{}' C_{ESI} \tag{10.19}$$

酵素濃度に関して

$$C_{E0} = C_E + C_{ES} + C_{EI} + C_{ESI} \tag{10.20}$$

が得られる。生産物生成速度 v_p を表す実用的な式を得るために式を整理する方針は，これまでと同様に「v_p を表す式中から，酵素化学実験的に未知・定量不可能な項（ここでは，C_E，C_{ES}，C_{EI} および C_{ESI} である。阻害剤の存在とその平衡状態は確認できているわけであるので，C_I，k_I および $k_I{}'$ は既知と考える）を削除する」であり，その結果式（10.20）が得られる。

$$v_p = \frac{V_m C_S}{(K_m + C_S)\left(1 + \dfrac{C_I}{k_I{}'/k_I}\right)} \tag{10.21}$$

10.3.3　不拮抗阻害型の酵素反応

不拮抗阻害（un-competitive inhibition）型の反応では，阻害剤が酵素・基質複合体にしか結合せず，阻害剤が結合した状態の酵素からは，生産物が生成されない（**図 10.5**）。これを化学量論的に表記すると，式（10.22）のようになる。

$$
\begin{array}{c}
\mathrm{E+S} \underset{k_1{}'}{\overset{k_1}{\rightleftarrows}} \mathrm{ES} \overset{k_2}{\longrightarrow} \mathrm{E+P} \\
+ \\
\mathrm{I} \\
{\scriptstyle k_I} \updownarrow {\scriptstyle k_I{}'} \\
\mathrm{ESI}
\end{array}
\tag{10.22}
$$

これを律速段階法で取り扱うと，ES の生成・分解の化学平衡に関して

$$v_1 = k_1 C_E C_S = k_1{}' C_{ES} \tag{10.2}（再掲）$$

10.3 酵素反応の阻害

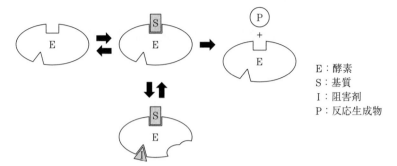

基質および阻害剤の酵素への吸着部位は異なり，阻害剤は「酵素・基質複合体」にしか吸着しない。阻害剤が吸着すると，酵素の立体構造変化などが生じ，反応生成物は生じない。

図 10.5 不拮抗阻害型反応の様相

生産物の生成速度に関して

$$v_p = v_2 = k_2 C_{ES} \tag{10.3}（再掲）$$

酵素・基質・阻害剤複合体 ESI の生成・分解の化学平衡に関して

$$v_4 = k_I C_{ES} C_I = k_I{'} C_{ESI} \tag{10.23}$$

酵素濃度に関して

$$C_{E0} = C_E + C_{ES} + C_{ESI} \tag{10.24}$$

が得られる。生産物生成速度 v_p を表す実用的な式を得るために式を整理する方針はこれまでと同様に「v_p を表す式中から，酵素化学実験的に未知・定量不可能な項（ここでは，C_E，C_{ES} および C_{ESI} である。阻害剤の存在とその平衡状態は確認できているので，C_I，k_I および $k_I{'}$ は既知と考える）を削除する」であり，その結果式 (10.25) が得られる。

$$v_p = \frac{V_m C_S}{K_m + C_S\left(1 + \dfrac{C_I}{k_I{'}/k_I}\right)} \tag{10.25}$$

繰返しの説明となるが，v_p を算出する実用式の導入は，いずれの場合においても「v_p を表す式中から，酵素化学実験的に定量不可能な項を削除する」という方針に基づく式の整理により行われるものであり，この考え方はより複雑な反応機構を示す酵素における反応速度式の構築にも適用可能である。

10.4 酵素反応における定数値の算出

酵素反応の V_m や K_m の大きさは，反応の状態を議論する際の重要な指標であり，その算出法としては数種の手法が知られている．本節では，最も広く用いられている手法について紹介する．

10.4.1 Lineweaver-Burk プロット

酵素反応における最大反応速度 V_m 値は，図 10.2 に示した曲線の漸近値である．しかしながら，本図から正確な V_m 値を直接求めることは困難であることから，作図によって V_m および K_m の値を算出する方法がいくつか提唱されている．最も広く知られているのは **Lineweaver-Burk プロット**（L-B プロット）である．本プロット法では，はじめに式 (10.10) について，両辺の逆数をとり，式 (10.26) を得る．

$$\frac{1}{v_p} = \frac{K_m + C_S}{V_m C_S} = \frac{K_m}{V_m}\frac{1}{C_S} + \frac{1}{V_m} \tag{10.26}$$

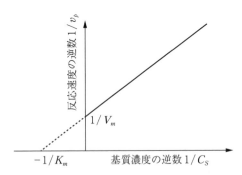

実験データをもとに $1/C_S$ および $1/v_p$ の値をグラフ上にプロットし，グラフ目盛から読み取った両切片の値から V_m および K_m を算出する．

図 10.6 Lineweaver-Burk プロットによる V_m および K_m の算出

本式を「$1/v_p$ 対 $1/C_S$」プロットすると，得られる直線の傾きは K_m/V_m であり，その縦軸切片および横軸切片は，それぞれ $1/V_m$ および $-1/K_m$ である。そこで，グラフから両切片の目盛を読み取り，それらの値より K_m および V_m を算出することができる（**図10.6**）。

なお，実際に酵素反応の V_m および K_m を求める場合には，一定の酵素濃度下で基質濃度 C_S を変動させて，得られる v_p をそれぞれ測定する。実験時の基質濃度設定においては，その逆数 $1/C_S$ 値を算出して L-B プロットした場合に，それらの値が横軸，すなわち $1/C_S$ 軸上で原点周辺に密集することなく均等に配置されるように配慮することが重要である。

10.4.2　各種酵素反応の動力学定数

通常の酵素反応および阻害剤が存在する場合の各酵素反応について，その特徴，基質濃度 C_S と生産物生成速度 v_p の関係，および L-B プロットを，それぞれ**表10.1**，**表10.2**にまとめた。$V_m{}'$ および $K_m{}'$ は，それぞれ阻害剤存在下での各酵素反応における「見かけ上の最大反応速度」および「見かけ上のミカエリス定数」であり，表10.1ではそれらがもとの V_m および K_m と比較してどのように変化したかについても示した。

表10.1　酵素反応の各種阻害型式とその特徴

阻害型式	v_p	最大反応速度	ミカエリス定数
な し	式 (10.10)	V_m	K_m
拮 抗	式 (10.16)	$V_m{}'=V_m$	$K_m{}'=K_m\left(1+\dfrac{C_I}{k_I{}'/k_I}\right)>K_m$
非拮抗	式 (10.21)	$V_m{}'=\dfrac{V_m}{1+\dfrac{C_I}{k_I{}'/k_I}}<V_m$	$K_m{}'=K_m$
不拮抗	式 (10.25)	$V_m{}'=\dfrac{V_m}{1+\dfrac{C_I}{k_I{}'/k_I}}<V_m$	$K_m{}'=\dfrac{K_m}{1+\dfrac{C_I}{k_I{}'/k_I}}<K_m$

10. 酵素反応速度論

表 10.2　酵素反応の阻害型式と反応の様相．L-Bプロット

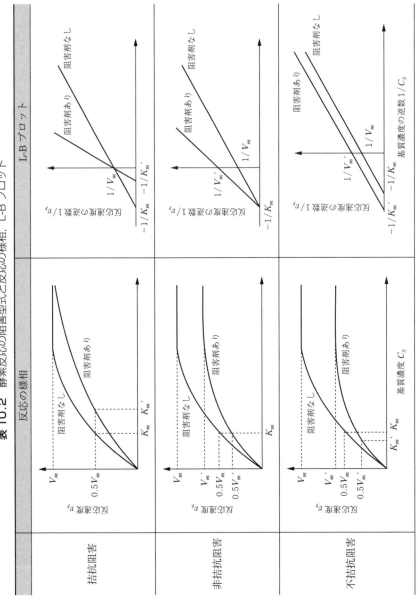

演 習 問 題　　151

コラム　「トリアエズ・ビール」は何社のどんな種類のビールですか？

　ビールは，水，麦芽，ホップを原料とし，酵母を用いて製造される醸造酒であり，今日では，わが国においてもじつにさまざまなスタイル（＝ビールの種類）のビールを楽しむことができるようになった。しかしながら，1991 年の酒税法改正により地ビール醸造が解禁となるまでは，わが国で "ビール" といえば，それは大手 5 社（注：平成 14 年よりオリオンビールはアサヒビールと業務提携）が製造する「黄金色かつ芳醇な泡立ちで，ホップの苦味が効いたラガービール（スタイルはピルスナー）」のことであり，メーカー間で風味の違いはほとんどないに等しい状態であった。このような背景もあってか（？），飲食店での注文の第一声は「とりあえず，ビール，○本ぐらい！」のようになることがほとんどであるし，これに対してなんら疑問を抱くことはない。一方，欧米ではビールの注文もワイン同様に「銘柄」や「ビア・スタイル」を指定するのがつねである。このため，飲食店でのアルバイトを始めた当初の留学生は，「標題のような疑問」を抱くのです。さらに，もう一つ彼らを悩ませるのが「ぐらい」という表現。いかにもビールが大好きでたくさん飲んでくれそうなお客様がいらした際に，気を利かせて 1，2 本多くビールをもっていったところ，ただちに「こんなに頼んでいない！」であるとか「これはサービスですか」といわれるそうです。わが国と西欧との食習慣や言語表現の違いなどに起因する話題はほかにもまだまだあります。酒の席での "小ネタ" として笑えるものも少なくないと思いますので，皆さんも探してみてはいかがでしょうか。

-------------------------------- 演 習 問 題 --------------------------------

【10.1】　一般に，温度を高くすると化学反応速度は増大するので，モノづくりの生産効率は向上すると考えられる。しかしながら，酵素反応を利用するモノづくりにおいては必ずしもそうとはいえない。それはなぜか。また，酵素反応に影響をおよぼす環境因子について，具体例を挙げて説明せよ。

【10.2】　さまざまな濃度の基質に酵素を作用させ，それぞれの反応初速度を測定したところ，**問表 10.1** の結果が得られた。本酵素の反応速度は，Michaelis-Menten（ミカエリス・メンテン）の式に従うものとして，最大

問表 10.1　実 験 結 果

基質濃度〔$\times 10^{-3}$M〕	5.6	8.3	11.1	13.9	16.7	22.2
初速度〔$\times 10^{-4}$M・min^{-1}〕	1.6	2.1	2.4	2.8	3.0	3.4

152   10. 酵素反応速度論

反応速度およびミカエリス定数を求めよ。

【10.3】 演習問題【10.2】の酵素反応系にある物質を添加したところ，反応の進行
が阻害された。このとき反応の阻害型式や阻害定数を知るにはどうすれば
よいか。

【10.4】 つぎの文の正誤を判定し，誤りがある場合に修正せよ。

① 酵素反応の V_m 値や K_m 値を決定するための実験において，基質濃度は
予想される K_m 値よりも低く設定することが望ましい。

② 酵素は一般的な化学触媒と比較して比較して，その反応特異性が高く
副産物の生成が少ないという特徴がある。

③ 酵素反応において，酵素・基質複合体から生産物が生成する反応は律
速段階であり，その速度定数（k_2）はしばしば k_{cat} と表記されることも
ある。この値は，酵素濃度を規定しなくても，実験によって求めるこ
とができる。

【10.5】 微生物の増殖速度式は $\ln (N/N_0) = \mu t$ で表される。ここで N_0：初発の菌
数，N：時間 t 経過後の菌数，t：培養時間，μ：比増殖速度である。比増
殖速度 μ は，菌種やその培養に用いる培地中の「特定栄養源（厳密には制
限基質という）」の濃度によって決まる定数であり，以下に示す Monod の
式で表される。

$$\mu = \frac{\mu_{\max} C_S}{K_S + C_S}$$

ここで，$\mu_{\max}$：μ の最大値，C_S：制限基質の濃度，K_S：制限基質の解離定
数である。Monod の式は微生物増殖反応モデルから理論的に誘導された
式ではなく，経験則的に導き出されたものであるが，その型式はミカエリ
ス・メンテンの式と同様である。このことから微生物の増殖についてどの
ようなことが考えられるか。

【10.6】 酵素活性（enzyme activity）とは，酵素の触媒作用の強度を表す指標の一
つであり，当該酵素反応の速度や酵素使用量に比例する。その測定は，酵
素反応により規定の時間内に減少した基質量，あるいは生成した生産物量
を定量することで求めることができる。酵素活性の単位としては国際的に
は「ユニット（U）」が用いられており，一般に，1分間あたりに 1 μmol
（あるいは 1 mg）の基質減少，もしくは生成物増加を生じさせる酵素量を
1 U と定めることが多い。いま，ある酵素反応（反応液量 100 mL）におい
て，5分間の反応で生産物が 100 μmol 生成したとすると，用いた酵素の
活性および酵素反応の速度はいくらか。

11章 微生物反応速度論

◆ 本章のテーマ

　微生物を使ってある原料から有用物質を生産する場合には，本章では，培養系での細胞の増殖パターンを理解するとともに，バイオプロセスを制御するうえで重要である細胞の増殖経過の数式化，増殖活性の指標としての比増殖速度の重要性について学ぶ。微生物の増殖とは，細胞が培地成分を利用して自己と同じ細胞をつくり出している現象であり，化学反応と大きく異なる点といえる。すなわち，増殖経過を的確に把握することは，バイオプロセスにおける状態を把握するために重要である。

◆ 本章の構成（キーワード）

11.1　微生物量の測定法
　　　　重量法，濁度法，細胞数計数法，間接測定法
11.2　増殖曲線
　　　　増殖曲線，対数増殖期
11.3　単細胞微生物の増殖
　　　　増殖速度式，比増殖速度，倍加時間（世代時間），Monod の式，増殖収率，基質消費速度

◆ 本章で知ってほしいこと（チェックポイント）

□　細胞濃度を培養，細胞の種類により適切な方法で測定すること。
□　回分培養では細胞の状態により五つの増殖期があること。
□　対数増殖期の単細胞生物を増殖速度式で表すこと。
□　比増殖速度が基質濃度の関数（Monod の式）として表されること。
□　培養中の細胞の状態を基質消費速度，増殖速度から把握できること。

154　　11. 微生物反応速度論

11.1　微生物量の測定法

バイオプロセスの効率を量論的に把握するためには，変化する物質（例えば気質と生産物）および触媒の役割を果たす微生物量（菌体量）を正確に把握する必要がある。微生物量の測定には，細胞の形態，性質などにより，適切な方法を採用する必要がある。

11.1.1 重　量　法

菌体量は重量として表す方法が一般的である。また，細胞間や細胞表面に付着する水分量の誤差を考えると**湿菌体量**（wet cell weight）よりは**乾燥重量**（dried cell weight）として捉えるほうが一般的である。

11.1.2 濁　度　法

細菌，酵母など単細胞の微生物を扱う場合，微生物懸濁液の**濁度**（turbidity）を測定することにより微生物量を求めることができる。分光光度計を用いて測定できるため，迅速に微生物量を知ることができる。粒子濃度 C の粒子が光を通過する場合，入射光束，透過光束の強さをそれぞれ I_0，I とすれば，つぎの式が成立する（ただし，K は濁度係数）。これをランベルト–ベール（Lambert-Beer）の法則という[1]。

$$\log \frac{I_0}{I} = KC$$

すなわち，上式は吸光度は菌体濃度に比例することを表しているが，菌体濃度が高すぎると，濃度に対する吸光度のプロットが直線にならず，この法則の成り立つ最大閾値濃度がある。濁度は「にごり」であるから光の吸収ではなく，光の散乱を測定するほうがもともとの「にごり」という意味には対応している。

11.1.3　細胞数計数法

目的により，全菌数を測定する方法，生菌数を測定する方法などがある。前者には血球盤測定法，コールターカウンター法などが挙げられる。血球盤測定法は顕微鏡下で，血球盤上の**ヘマトサイトメーター**（haemacytometer）からある体積中の細胞数を計測し，全細胞濃度を求める。生菌数は固体培地上に生育するコロニーを計測するコロニーカウント法が簡便であるが，上記血球盤測定時に DAPI などで染色した生菌数をカウントすることでも求めることができる。コロニーカウント法では，一定容積中のコロニー数を生菌数濃度として表すために CFU（colony forming unit，コロニー形成単位）/cm^3 のような単位を用いる。

11.1.4　間接的測定法

細胞内の成分などを測定することで間接的に細胞数（量）を推定する。細胞内成分としては，DNA, RNA, ATP, NADPH などが対象となるが，例えば，ATPの場合は，ルシフェリンが ATP を利用して発光するルシフェラーゼの触媒反応を利用して測定するキットが販売されている。

11.1.5　そ　の　他

最近では，遺伝子量を定量的に把握できる PCR 法（リアルタイム PCR）を用いて，菌数を測定することもできる。例えば，細菌では 16SrRNA を増幅できるプライマーを用いて PCR における遺伝子増幅をモニタリングすることで定量が可能である。

11.2　増　殖　曲　線

回分培養では，培地の全量が培養開始時から培養槽に仕込まれていることから，微生物の状態，培養槽の内部は時間とともに変化している。したがって，回分培養における増殖曲線は一様ではなく，**図11.1**のような曲線を描き，

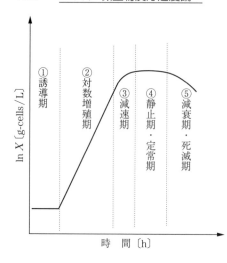

図 11.1 回分培養における増殖曲線

五つの期（phase）に分類される。

① **誘導期**（lag phase）では，保存状態にあるスラント（斜面培養）や前培養から移行したばかりの状態であり，菌体量は増加しないものの増殖を開始するための栄養分の取込みと菌体成分合成のための代謝が行われている。細胞の大きさが増大することもある。② **対数増殖期**（logarithmic phase または exponential phase）では，細胞は増殖を開始し，細胞数は一定時間ごとに 2 倍になる。対数増殖期を過ぎると，培地に含まれる栄養分の枯渇や増殖に影響を及ぼす代謝産物の蓄積など培養環境が変化し，③ **減速期**に入る。減速期では，対数的な菌体量の増加を維持できなくなり，増殖速度が減退する。培養環境の変化が進んでくると増殖は停止（④ **静止期**または**定常期**（stationary phase））する。さらに培養を継続すると，一部の菌体が死滅していき，菌体量は減少する（⑤ **減衰期**または**死滅期**（death phase））。

11.3 単細胞微生物の増殖

図 11.2 に対数増殖期における単細胞微生物の増殖モデルを示す。対数増殖期においては，単細胞微生物は一定時間で倍々に生育するため，この増殖は

11.3 単細胞微生物の増殖

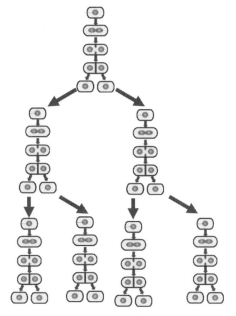

微生物は一定時間で分裂する。

図11.2 対数増殖期の増殖モデル

2 の n 乗となる。すなわち，横軸に時間，縦軸を対数としたグラフ（図11.1）で表せば，その増殖はグラフ上に右上がりの直線として表される。

微生物の**増殖速度**（growth rate）dx/dt は，次式のように菌体濃度 x に比例する。

$$\frac{dx}{dt} = \mu x$$

あるいは

$$\frac{1}{x}\frac{dx}{dt} = \mu$$

ここで μ は単位菌体あたりの増殖速度で比増殖速度という。

X：菌体濃度〔g/L〕，t：時間〔h〕，μ：比増殖速度〔1/h〕とすると

$$\frac{dX}{dt} = \mu X \tag{11.1}$$

158   11. 微生物反応速度論

X：菌体濃度〔g/L〕，t：時間〔h〕，μ：比増殖速度〔1/h〕とすると

$$\ln X = \mu t + \ln X_0 \qquad X_0 : t=0 \text{ における } X \tag{11.2}$$

$$X = X_0 e^{\mu t} \tag{11.3}$$

あるいは，つぎのようになる。

$$\log X = \frac{\mu t}{2.3} + \log X_0 \tag{11.4}$$

対数増殖期においては**比増殖速度**（specific growth rate）μ は一定であり，一定の培養条件における微生物間の増殖の度合いや，増殖に及ぼす培養条件の影響（温度の影響など）を比増殖速度で比較することができる。

比増殖速度は，細胞が2倍に分裂する時間と対応している。この時間は，**世代時間**（generation time，あるいは**倍加時間** doubling time，t_d で表される）という。世代時間を比増殖速度によって表す場合，式（11.3）あるいは式（11.4）で $X=2X_0$ とすると

$$t_d = \frac{\ln 2}{\mu} = \frac{0.693}{\mu} \tag{11.5}$$

で算出することができる。

> **【例題 11.1】** 細菌のなかで最も増殖速度が高いとされる大腸菌（*Escherichia coli*）は一般に，最適条件では世代時間 20 分程度である。この場合の比増殖速度を算出しなさい（単位は h^{-1} として計算すること）。

［解答］ 世代時間 t_d は，時間〔h〕に変換すると

$$20 \div 60 = 0.33 \text{〔h〕}$$

式（11.5）から比増殖速度は

$$\mu = \frac{\ln 2}{t_d} = \frac{0.693}{t_d} = \frac{0.693}{0.33} = 2.1 \text{〔h}^{-1}\text{〕} \tag{答}$$

11.3.1 基質濃度と増殖速度の関係

微生物が増殖するためには栄養物が必要であるが，栄養物のなかで有機物の骨格を担う炭素（炭素源）に注目し，培養液中の炭素源濃度 S と増殖速度との関係が経験的に得られている。

$$\frac{1}{X}\frac{dx}{dt} = \frac{\mu_{max}S}{K_S+S} \tag{11.6}$$

式 (11.6) は Monod の式とよばれ，μ_{max} は最大比増殖速度，K_S は基質飽和定数である。Monod の式は経験的に得られ理論的背景が薄いが，10 章で示される Michaelis-Menten の式と形式がまったく同じであり，このことは菌体が増殖する場合，細胞内では多数の酵素反応が行われており，そのなかで一番速度が遅い反応が微生物の増殖を規定していることを暗に示していると考えられる。Monod の式で $K_S < S$ のときは以下のようになる。

$$\frac{1}{X}\frac{dx}{dt} = \frac{\mu_{max}S}{K_S+S} = \frac{\mu_{max}S}{S} = \mu_{max} \tag{11.7}$$

11.3.2 基質消費速度

培養中の菌体量と基質濃度の関係はどうなっているのだろうか？

まず，単位時間における基質の消費量と菌体の増加量は次式で表される。

$$Y_{X/S} = -\frac{dX/dt}{dS/dt}$$

このときの $Y_{X/S}$ を**増殖収率**（growth yield）〔g-cells／g-substrate〕とよぶ。

また，培養において微生物が獲得するエネルギーは基質消費によりまかなわれると考えられるが，このエネルギーは増殖のためのエネルギーに加えて生体の維持代謝のためにも消費される。すなわち

基質消費量（A）＝

　　増殖のための基質消費（B）＋維持代謝のための基質消費（C）

$$\tag{11.8}$$

ここで，時間あたりの基質消費量（式 (11.8) の（A）に相当）は $-dS/dt$，増殖のための基質消費は $-1／(Y_{X/S})\cdot dX/dt$，と表せる。また，維持代謝のための基質消費量（Sm）は菌体量に比例して高くなるので時間あたりの維持代謝エネルギー $-dSm/dt$ は mX と表せる（m は維持定数〔g-substrate／g-cells／h〕）。

160   11. 微生物反応速度論

したがって，式 (11.8) は

$$-\frac{dS}{dt} = \frac{1}{Y_{X/S}}\frac{dX}{dt} + mX \tag{11.9}$$

と表せる。

11.3.3　基質消費速度の計算法（連続培養）

8章で述べられているようにバイオリアクターの操作にあたっては，溶液の供給，排出のパターンによって回分培養，半回分培養，連続培養に分類される。特に連続培養は，培養中の（菌体増殖，基質消費などについての）変化を把握しながら，操作条件を決定しなければならない。

前項の菌体増殖速度式に従って培養槽内全体の菌体量の変化 $V \cdot dX/dt$ は，培養槽内の菌体の増殖速度 $V\mu X$ と菌体の流出速度 FX の差で表せる。

この両項がつり合っているとすると

$$V\frac{dX}{dt} = V\mu X - FX = 0 \tag{11.10}$$

$$\mu = \frac{F}{V} = D \tag{11.11}$$

D を希釈率（dilution rate (h^{-1})）とする。

このとき，比増殖速度 μ は Monod の式（式 (11.6)）から

$$\mu = \frac{\mu_{max}S}{K_S + S} = D \tag{11.12}$$

$$S = \frac{K_S D}{\mu_m - D} \tag{11.13}$$

一方，培養槽内の基質消費速度について考えると

$$Y_{X/Ss} = \frac{X}{S_0 - S} \tag{11.14}$$

$$X = Y_{X/S}(S_0 - S) \tag{11.15}$$

$$= Y_{X/S}\left(S_0 - \frac{K_S D}{\mu_m - D}\right) \tag{11.16}$$

これらの結果は，定常状態における培養槽内の基質濃度 S も菌体濃度 X も

11.3 単細胞微生物の増殖　　161

人為的な条件の操作（希釈率）により規定されることを示している。

【例題 11.2】　定常状態では，希釈率が高すぎると，培養液の排出が菌体増殖を超えてしまうために培養槽から菌体が消失する。この状態を wash out といい，wash out の起こる希釈率を限界希釈率（critical dilution rate）D_{crit} という。式 (11.15) から D_{crit} を求める式を導きなさい。

解答　式 (11.16) において D_{crit} の希釈率条件では

$$X = Y_{X/S}\left(S_0 - \frac{K_S D}{\mu_m - D}\right) = 0$$

であるが，$Y_{X/S}$ は定数であるから

$$S_0 - \frac{K_S D}{\mu_m - D} = 0$$

よって

$$D_{crit} = \frac{\mu_m S_0}{K_S + S_0} \tag{答}$$

コラム　微生物の故郷 ― 土壌 ― ....

　生物化学工学では，人工のバイオリアクター内に人工の培地を投入し，各種生物を培養していく。これら生物はもともと自然界に存在しており，もとのすみかは，土壌や海洋などであった。特に土壌は植物の生育場，地球環境の重要な部分としてさまざまな解析と分類がされてきた。米国農務省（USDA）が開発した Soil taxonomy（土壌分類），国連機関 UNESCO が作成した World soil resources map（世界土壌図）などの国際的な分類のほか，国内でもリンや土壌分類，農耕地土壌分類など目的によってさまざまな土壌分類体系が示されている[2]。

　地域に目を向けてみると，例えば沖縄では，本島北部に特徴的な赤色土を「国頭（くにがみ）マージ」，中南部の暗赤色土壌を「島尻マージ」，南部の灰色台地土を「ジャーガル」と分類し，それぞれの物理化学的性質に適した農作物を育ててきた[3]。

　現在では，土壌から DNA を直接解析する技術が開発され，その結果，土壌 1 g には $10^6 \sim 10^{10}$ の細菌が存在しているという報告がされた[3]。微生物の故郷である土壌の性質から彼らにふさわしい培地組成を考えてみるのもいいかもしれない。

162　　11. 微生物反応速度論

-------------------------------- 演 習 問 題 --------------------------------

【11.1】 単細胞微生物の増殖速度式を利用して比増殖速度から世代時間を求める式
を導きなさい。また，大腸菌の世代時間を 20 分として大腸菌の比増殖速
度を求めなさい。

【11.2】 *E.coli* JM109 株を 30 ℃にて回分培養し，660 nm における吸光度の変化を
測定したところ，**問表 11.1** のような結果になった。

問表 11.1　各培地で培養した場合の吸光度の経時変化

培地名	培養時間 〔h〕								
	0	1.5	3	5	7	9	11	12	14
M9G	0.140	0.145	0.296	0.741	1.84	2.21	2.32	1.81	1.43
NBG	0.126	0.352	0.876	2.12	2.51	2.62	2.31	2.18	1.72

M9G：1%グルコースを含む M9 培地
NBG：1%グルコースを含む Nutrient Broth 培地

（1）縦軸を対数軸として菌体増殖の経時変化の図を作成しなさい。

（2）それぞれの培養条件における誘導期，対数増殖期，減速期，静止
期，減衰期を示しなさい。

（3）それぞれの培養条件における対数増殖期の比増殖速度を求めなさ
い。

【11.3】 1 L の培養液に濃度 10^5 個／mL の大腸菌懸濁液 1 mL を植菌し，37 ℃で培
養した。以下の質問に答えなさい。

（1）植菌時の大腸菌の濃度（初濃度）を求めなさい。

（2）この条件では，大腸菌の数が 2 倍となるのに要する時間は 21 分で
あった。比増殖速度は一定として，比増殖速度 μ を求めなさい。

（3）この条件で 24 時間培養を続けた場合，大腸菌の濃度を求めなさい。

【11.4】 濁度法を用いた *Pseudomonas putida* の菌体濃度と吸光度の関係を**問表
11.2** に示した。高菌体濃度における菌体濃度測定の注意点について考察
しなさい[4]。

問表 11.2　*Pseudomonas putida* の菌体濃度と吸光度の関係[4]

菌体濃度〔g／L〕	0	0.2	0.4	0.6	0.8	1	1.5
660 nm での吸光度	0	0.141	0.284	0.399	0.519	0.602	0.755

第3部：バイオプロセスの実際

12章 微生物（動物・植物細胞）のバイオプロセス

▼ 本章のテーマ

われわれは，古来より生物の機能を利用して生活を豊かにしてきた。微生物をはじめとする生物機能を用いた有用物質生産は，本章では，生物機能を用いた有用物質生産のうち，特に多段階の代謝機能を利用した物質生産例を紹介する。

◆ 本章の構成（キーワード）

12.1 微生物培養による有用物質生産
　　　　バイオリファイナリー，医薬品，生理活性物質
12.2 微生物の培養方法
　　　　回分培養，連続培養，流加培養
12.3 植物細胞培養による有用物質生産
　　　　配糖体，タキソール，シコニン
12.4 動物細胞の培養
　　　　付着性・浮遊性細胞，ハイブリドーマ細胞

◆ 本章で知ってほしいこと（チェックポイント）

☐ 微生物培養による生産は，効率の飛躍的な向上により，高価な医薬品から安価な汎用化学品，環境分野まで対象が拡大してきたこと。

☐ 遺伝子組換え微生物では，組換えプラスミドの安定性などこれまでの微生物培養にはない課題があること。

☐ 植物細胞，動物細胞培養は微生物培養に比べて生育速度が低いなどの欠点はあるが，微生物では生産できない特有な構造（配糖体，糖鎖タンパク質など）の生産物を生産するために有利であること。

164　　12. 微生物（動物・植物細胞）のバイオプロセス

12.1　微生物培養による有用物質生産

　微生物は，古くからワイン，チーズなどの製造に用いられ，日本においても味噌，醤油，酒，酢など多くの発酵食品製造に利用されてきた。20世紀に入り，ペニシリンの発見などをきっかけとして，微生物の生産する化合物，酵素などを実用的な生産規模に引き上げる努力が次々となされてきた（**表 12.1**）。

表 12.1　微生物利用の歴史

年　代	内　容
BC4000 ごろ	ワインの製造（エジプト）
1245 年	「麹座（酒，味噌，醤油，甘酒製造用麹の専売権の設定)」の設置（日本）
1674 年	微生物（細菌）の発見／A.V. レーウェンフック
1861 年	生物自然発生説の否定／L. パスツール
1894 年	小麦ふすま麹法により酵素剤タカジアスターゼの発明／高峰譲吉
1928 年	ペニシリンの発見／A. フレミング
1943 年	ペニシリンの工業生産開始，ストレプトマイシンの発見／ワックスマン
1956 年	グルタミン酸発酵の工業化／協和発酵
1973 年	組換え DNA の基本的技術の完成／S.H. コーエン，H.W. ボイヤー 固定化微生物による L-アスパラギン酸製造の工業化／田辺製薬 バイオリアクターによる異性化糖発売／日本食品加工など
1976 年	ML-236B（コレステロール生合成阻害剤）の発見／遠藤章（三共）
1979 年	アベルメクチン生産菌の発見／大村智
1984 年	FK506 の発見／藤沢薬品

12.1.1　化学生産への応用

〔1〕**L-グルタミン酸ナトリウム，L-リジン**　　L-グルタミン酸ナトリウムはアミノ酸の一つで，小麦グルテンの加水分解物から発見されたことに由来するが，わが国では，昆布のうまみ成分として発見されてから調味料として商業生産されるようになった。協和発酵工業（現，協和発酵キリン）は，L-グルタミン酸ナトリウム生産菌 *Corynebacterium glutamicum* を発見し，培地成分や培養法の改良をはじめとする生物化学工学的な検討，代謝経路の制御研

究などを経て，廃糖蜜からの実用化に至った。L-グルタミン酸ナトリウム生産プロセスの大幅なコストダウンにより，現在では，調味料としてだけではなく安価な汎用化学品としても利用されている。

さらに，*C. glutamicum* 細胞内のアミノ酸生合成に関わる代謝制御の詳細な研究と各種変異株の活用により L-リジンの工業生産も可能となった。

〔2〕 **バイオリファイナリー**　　バイオプロセスの効率化が進むにつれて，高額少量の市場である医薬品分野から，低価格な大量市場を有する汎用製品へと生産ターゲットが移ってきた。さらに，石油化学由来製品の生産における環境負荷への懸念と相まって，汎用化学品をバイオプロセスに切り替えようという動き（グリーンプロセス化）が高まってきた。具体的には，再生可能なバイオマスのような材料から，燃料やさまざまな基礎化学品を微生物によって生産しようというものであり，**バイオリファイナリー**（bio：生物，refinery：精製所）とよばれている。

12.1.2　医薬品（生理活性物質）への応用

微生物の生産する医薬品は，フレミング（A. Fleming）が青かび（*Penicillium notatum*）が抗菌活性を示す物質（ペニシリン）を発見して以降，二次代謝産物を中心とした**生理活性物質**（bio-active compounds）の探索と実用化のための検討が盛んに行われてきた。抗生物質（ストレプトマイシン，カナマイシン，クロラムフェニコールなど多数）だけでなく，コレステロール生合成系のHMG-CoA-レダクターゼ合成阻害剤として発見された ML-236B（のちにメバロチンとして商品化），免疫抑制剤 FK506 など枚挙にいとまがない。特に大村智博士は，微生物の生産する生理活性物質の研究を行うなか，抗寄生虫物質であるアベルメクチンを発見し，寄生虫感染症に対する治療法の確立に対して2015 年にノーベル生理学・医学賞を受賞されたことは記憶に新しい。

12.2 微生物の培養方法

〔1〕 **一般的な微生物の培養**　大量培養を目的とした微生物の培養操作は，斜面培養からはじまり，最終的にジャーファーメンター，気泡塔，エアリフト発酵槽などのさまざまなバイオリアクターを用いて行われる。大量培養の手順の例を図12.1に示す（8章参照）。

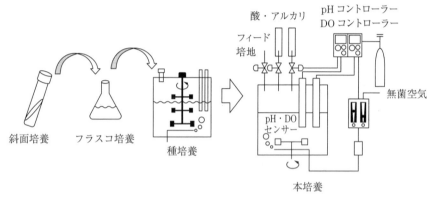

図12.1　大量培養の手順の例

微生物の培養方法は種々知られているが，表12.2に示すように回分培養，繰返し回分培養，連続培養，流加培養などがある（8章参照）。

表12.2　培養方式の比較

	流入	流出
回分培養	×	×
連続培養	○	○
流加培養	○	×

〔2〕 **遺伝子組換え微生物の培養**　遺伝子組換え微生物の培養は，遺伝子組換えDNA実験指針にもとづいて行われてきたが，2004年1月に生物多様性条約の下，『バイオセーフティに関するカルタヘナ議定書』が採択された結果，上記指針は法制化された。現在では，『遺伝子組換え生物等の使用等の規制による生物の多様性の確保に関する法律』に従って実施する必要がある。

遺伝子組換え微生物の場合は，ベクター構築の際に，適切なプロモーターを

12.3　植物細胞培養による有用物質生産　　*167*

上流に配置することにより目的タンパク質の発現制御が可能となる。表3.3に示したようなプロモーターを利用する場合，培養条件を適宜変化させることで発現を抑制したり，高発現したりできる。効率の高い生産性を達成するために，培養前半は，目的タンパク質の発現を抑制して増殖を優先させ，培養後半に高発現を誘導する培養条件に変更する，二段階培養が有効である。

　プラスミドベクターを保持する組換え微生物を培養する場合，増殖分裂中のプラスミドの欠失に注意する必要がある。例えば，細菌には，細胞分裂する際に，親細胞から娘細胞へプラスミドを安定に分配するための機構をもっているものがあり，この機能遺伝子を導入したり，培地組成を最適化することで，プラスミドの欠失を防ぐことができる[8]。

12.3　植物細胞培養による有用物質生産

　植物細胞には配糖体（13章参照）化した生理活性物質など微生物培養では困難な有用物質を生産する機能があることから培養技術の確立は重要である。

12.3.1　植物培養細胞の大きさと工業生産に用いる利点

　培養細胞の大きさは35 μm 程度で，全植物体や器官に比べて以下のような利点を有している。

1）　植物の栽培は特定の地域や季節に限られるが，細胞の培養は場所や季候に関係なく行うことができるので必要な生産物を天候に関わらずつねに入手することができるだけでなく，工場規模で大量生産することも可能である。

2）　培養細胞はもとの植物よりもはるかに早く増殖するので，生産性の向上が期待できる。

3）　細胞の培養条件を最適化することにより，さらに生産性を高めることができるだけでなく，優れた細胞株の選抜により，生産物の品質を向上させ，安定化させることができる。

168   12. 微生物（動物・植物細胞）のバイオプロセス

これらの利点は，植物培養細胞が植物に特有な代謝産物を生産するためのバイオリアクターの強力な生体触媒となりうることを示すが，工業化例は少ない。

12.3.2　植物培養細胞の今後の課題

われわれが生産したい化合物は，しばしば根，花，葉といった植物の特定の器官にのみ存在している。このような化合物の合成は，細胞がそれぞれの器官に分化するという，生物学的な出来事と共役している。それゆえ，代謝調節のシステムを失った細胞株を取得することや，培養条件を選ぶことが必要であるが困難である（**表12.3，12.4**）。

表12.3　植物培養細胞と微生物細胞の比較

	植物培養細胞	微生物細胞
細胞構成	多細胞	単細胞
機械的強度	低　い	かなり高い
生育速度	小	大
代謝物の合成	やや困難	比較的容易
生産性	小	大
生産物の価格	高　い	安　価
培養の制御	困　難	比較的容易

表12.4　植物細胞を利用する生産物の例

物　質	植　物	機　能
タキソール	イチイ	抗腫瘍
アルカロイド	ケ　シ	鎮　痛
サポニン*	オタネニンジン	強　壮
シコニン*	ムラサキ	消炎作用，染料，食用色素
ロスマリン酸	シソ，セリ	抗炎症
青色色素	ラベンダー	食用色素
赤色色素	サツマイモ，ツバキ，ツルムラサキ	食用色素
黄色色素	ベニバナ	食用色素

　*　工業化された例がある。

12.4　動物細胞の培養

　動物細胞は，特定の糖鎖を付加したタンパク質を生産するなど，微生物培養では困難な機能をもっていることから培養技術の確立が重要である。

　ポリオ，風疹，インフルエンザワクチンなどが生産され，われわれはその恩恵を受けているが，動物細胞を用いて有用生理活性物質が工業的に生産されるようになった。例えば，抗ウイルス性，抗腫瘍性が期待できるβ-インターフェロンや，幅広い需要の潜在力から商品としての価値が最も期待されているモノクローナル抗体，あるいは赤血球造血因子であり，手術時・手術後の輸血を軽減するための造血薬としての期待も高いエリスロポエチンなどである。

　このように有用生理活性物質の生産が可能な動物細胞であるが，動物細胞の培養は微生物と比べるとはるかに難しい。おもな理由を以下に示す。

1）　動物細胞の増殖速度は微生物の10分の1以下である。

2）　培養には血清成分やトランスフェリンなどのタンパク質がほとんど例外なく必要である。

3）　細胞が大きく細胞壁をもたないため，物理的に弱く激しい撹拌ができない。

　しかし，このようにその使用が難しい動物細胞を用いなければならない理由は，酵母も含めた微生物では，現在のところ，生理的活性をもった糖タンパク質や高分子量で複雑な構造をもつタンパク質を効率的につくれないからである。生理活性物質の多くは糖鎖がついた状態でなければ *in vivo* で活性を示さず，それらの生産には糖タンパク質を合成できる動物細胞を使わざるをえない。

12.4.1　工業生産に用いられる培養動物細胞

　動物細胞は元来生体内で組織を形成し，あるいはほかの細胞と相互に依存しあって，独自の役割を担いながら生体の恒常性維持に貢献している。したがって，細胞1個にその属性のすべてを含んでいる微生物とは異なる点が多い。ま

ず，普通の動物細胞を生体から分離し培地中で培養しても，有限回の増殖のあとに死んでしまう。これは，細胞が生体内で損傷を受けたときなど特別な場合を除いて，増殖できない形に制御されているうえ，その恒常性自体が生体内のほかの細胞との助け合いなしには維持できないからである。

しかし，動物細胞のなかには，生体から取り出されても生育や増殖が十分可能な細胞集団がある。がん細胞は生体の恒常性維持のための制御機構をまったく無視し，条件さえ整えば永久に増殖する。したがって，生体から取り出し培地内で培養しても増殖を続けることができる。一般に，生体から取り出され培地中で見かけ上永久に増殖できるようになった同一細胞の集団を**樹立細胞系**（cell line）とよぶ。これらは生体から取り出されたあと，自然にあるいは化学物質やウイルス感染により永久増殖の能力を得ているので，がん細胞起源ではないにしてもがん細胞と多くの類似点をもつ。したがって，動物細胞を培養槽内で培養するときの対象はほとんどがん細胞，あるいはそれに近い種類である。

生物化学工学的には，動物細胞はまったく異なる形式で培養する必要のある2種類のグループに分けられることがわかる。付着性動物細胞と浮遊性動物細胞である。**図12.2**に付着性動物細胞と浮遊性動物細胞の例を示した。

動物細胞に有用物質を生産させるためには，遺伝子工学の手法によって必要な物質の遺伝子が動物細胞に組み込まれる。したがって，組み込まれた遺伝子

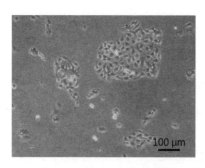

（a） 付着性細胞（繊維芽細胞）　　　（b） 浮遊性細胞（THP-1細胞）

図12.2 付着性動物細胞と浮遊性動物細胞
〔写真提供：中川香奈子助教，佐藤淳教授（東京工科大学）〕

の安定性や発現効率，糖の結合状態などが問題となる。また，培養が容易であることは必要条件であるから，よく使用される細胞系はほぼ決まっている。例えば，チャイニーズハムスター卵巣由来の CHO 細胞などがよく用いられる。これらの細胞の形状は，通常の培養条件では角型フラスコの底などに付着伸展して，一見するとアメーバーのような不規則な樹状形状をとる（図（a））。その増殖に付着面が必須であることもしばしばあり，培養が付着面積によって制限を受け，また培養装置が複雑になるなど，効率的な培養という観点からは大きなマイナス要因となる。

　一方，モノクローナル抗体などは，抗体産生能のある B リンパ細胞と永久増殖能のあるがん化リンパ細胞（ミエローマ）を細胞融合法によって融合させた**ハイブリドーマ**（hybridoma）により生産される。この融合細胞は B リンパ細胞のもつ抗体産生能とミエローマの永久増殖能をあわせもっており，かつ血球系の細胞であることから付着面は必要とせず，タンク内での浮遊懸濁培養も可能である（図（b））。したがって，微生物の培養手法を踏襲し，改良することにより，動物細胞のなかでは比較的容易に工業生産が可能である。

12.4.2　動物細胞の増殖速度

　動物細胞の倍加時間はほぼ 1 日である。非常に増殖が速い細胞でも倍加時間はせいぜい 15 時間である。原核細胞である大腸菌は最適条件下では約 20 分で倍加する。動物細胞と同じ真核細胞である酵母でさえ倍加時間は 1 時間から 2 時間である。このように動物細胞の増殖速度は非常に遅く，微生物の 10 分の 1 以下である。

　動物細胞は直径が 10 〜 30 μm の球と考えることができる。一方，大腸菌の大きさは 1 μm 以下であり，酵母でさえ 2 〜 5 μm である。つまり直径比で約 10 倍であるから，容積比にすると計算上 1 000 倍以上も動物細胞のほうが大きい。したがって，培養においては，高撹拌に伴うせん断応力による細胞の損傷が重要な問題であり，低撹拌での培養が必要となる。

　以上のように，動物細胞は，動物特有のタンパク質生産が可能である反面，

172   12. 微生物（動物・植物細胞）のバイオプロセス

表 12.5　動物細胞を利用する生産物の例

物　質	機　能
INF	抗ウイルス作用，抗がん作用
血液凝固剤Ⅷ因子	血液凝固系酵素の一つ，A 型血友病の治療薬
B 型肝炎ワクチン	B 型肝炎ウイルスの感染防止
ヒト成長ホルモン	物質代謝促進による成長促進作用
モノクローナル抗体	がん治療用，感染症治療用，血栓溶解用
プロティン C	血液凝固阻止作用，血栓溶解促進作用
SOD	活性酸素（O_2^-）の過酸化水素と酸素分子への変換
エイズワクチン	ヒト免疫不全ウイルスの感染予防

表 12.6　動物細胞と微生物細胞の培養特性の比較

	動物細胞	微生物細胞
倍加時間	1 日	1 時間
細胞 1 個あたりの物質生産速度	動物細胞は微生物細胞の 10 分の 1 以下	
老廃物（乳酸，アンモニアなど）に対する阻害定数	数 Mm ～数十 Mm	数百 Mm
細胞 1 個あたりの酸素消費速度	動物細胞は微生物細胞の 10 分の 1 ～ 100 分の 1 以下	
培養可能な攪拌速度	100 ～ 150 rpm	500 rpm 程度
回分培養における最大到達細胞密度	10^6 個 / cm^3	10^8 個 / cm^3

培養においては注意が必要である。表 12.5 に動物細胞を利用する生産物の例，表 12.6 に動物細胞と微生物細胞の培養特性の比較について示した。

コラム　醤油やお酒をつくる人は納豆を食べてはいけない？

　ご存知のように醤油もお酒も日本の伝統的な発酵製品であり，微生物が関わっている。醤油のような塩濃度が高い環境でうまみを出すことのできる微生物は好塩性微生物であり，特に飽和塩濃度を好んで生育する高度好塩性微生物である。これは古細菌とよばれており，進化的に真正細菌と区別されている。また，酒づくりには米の糖化に麹菌とよばれる糸状菌が，糖化された原料からエタノール発酵をするために酵母が関わっている。

　一方，納豆の製造に関わる納豆菌は *Bacillus natto* とよばれるグラム陽性細菌の一種であるが，特に芽胞（がほう）を形成することから，簡単には死滅しない。

　芽胞は，代謝の活発な栄養細胞が，栄養源の枯渇などの外部環境の悪化に伴い，外部環境が好転するまでいわば“休眠”状態で存在している状態である。したがっ

演　習　問　題　　173

て，高温，高圧な外部の過酷な環境に対する耐性が高く，一度混入（コンタミネーションという）したら根絶させるのは容易ではない。このことから，醤油や日本酒を製造する現場では，納豆は食用禁止になっているという話を聞いたことがある（事実かどうかは現場で確かめていただきたい）。

　現在では，さまざまな殺菌の方法が開発されている。加熱殺菌のほか，次亜塩素酸ナトリウム，塩化ベンザルコニウムなどを使用する化学品による殺菌，エチレンオキシドやホルマリンなどによるガス殺菌，ガンマ線殺菌などさまざまであるが，生物化学工学を学んでいる人なら，殺菌効果を定量的に把握したうえで殺菌方法を決めたいものだ。

------------------------------ 演　習　問　題 ------------------------------

【12.1】　温度を高くすることにより発現量が高くなるプロモーター下流に遺伝子を配したポリペプチド発現組換え大腸菌を用いて，3通りの温度条件で培養したところ，問表12.1の結果を得た。ポリペプチドの生産濃度を比較しなさい。菌体に対する全タンパク質量の割合は50 %とする。

問表12.1　各培養条件における最終到達菌体濃度と全タンパク質に対する目的ポリペプチドの割合

	培養条件	菌体濃度〔g/L〕	全タンパク質に対する割合〔%〕
条件1	培養開始から終了（20時間）まで30℃で培養	45.7	7.2
条件2	培養開始から終了（20時間）まで37℃で培養	24.0	27.3
条件3	30℃で6時間培養した後，培養温度を37℃に上昇させ，20時間で終了した。	44.1	21.6

【12.2】　植物細胞のカルス培養の実施方法について述べなさい。

【12.3】　本章で述べた植物細胞，動物細胞培養とともに最近では，昆虫細胞培養も盛んに行われている。一般的な昆虫細胞培養系である昆虫細胞–バキュロウイルス系について説明しなさい。

13章 酵素バイオリアクター

◆ 本章のテーマ

　本章では，微生物や酵素反応による物質生産例を紹介する。食品分野，化学品・ビタミン分野，医薬分野ごとに代表的な工業化例を解説している。食品分野はデンプンや油脂など天然物を原料としている。化学品や医薬品では，原料は必ずしも天然物ではない。酵素が基質を認識すれば基質特異性や立体特異性により効率の良いモノづくりが可能であることがわかる。

◆ 本章の構成（キーワード）

13.1　モノづくりでの酵素反応の利用
　　　　高峰譲吉，生体触媒，固定化酵素
13.2　食品分野
　　　　異性化糖，トレハロース，機能性油脂，核酸系うまみ調味料
13.3　化学品，ビタミン分野
　　　　ニコチン酸アミド，アクリルアミド，配糖体
13.4　医薬分野
　　　　光学活性アミノ酸，光学活性アミン，抗生物質

◆ 本章で知ってほしいこと（チェックポイント）

□　酵素反応による生産物が汎用化学品から医薬まで多岐にわたること。
□　反応の立体選択性や基質特異性などの酵素反応の特徴が活かされたプロセスであること。

13.1　モノづくりでの酵素反応の利用

　ヒトは紀元前から酵素の存在を知らずに麦芽によるデンプンの糖化という酵素の作用を利用してきた。19世紀になり麦芽の抽出液がデンプンを分解する因子を含んでいることが見い出され，ジアスターゼと名づけられた。その後，ショ糖分解酵素（インベルターゼ）やタンパク質分解酵素（トリプシン）などが発見され，発酵現象が酵母などの生き物の働きだけでなく，生体由来の触媒作用を示す酵素の概念が確立された。日本では明治16（1883）年に吉田彦六郎によってラッカーゼ，明治40（1907）年には鈴木梅太郎によってフィターゼが発見された。酵素の研究が進むなか，世界で初めての工業生産された酵素はチーズ製造用のレンネット[1]であり，工業生産された微生物酵素は1895年の高峰譲吉によるタカヂアスターゼ（消化酵素）である。この消化酵素剤は100年以上経った現在でも世界中で使われている。

　酵素反応は化学反応に比べて特異性が高く，副反応がなく立体選択性を有し特定の化合物のみに作用する。この特徴を活かして酵素反応を物質生産に用いた世界最初の酵素リアクターは，1969年にわが国で開発された光学活性なアミノ酸の製造プロセスである。その後，生体触媒である酵素を生体外でモノづくりに利用する技術は，酵素探索技術や遺伝子組換え技術の進歩，および精密な有機合成が要求される医薬品の進歩，さまざまな生物機能をもつ化合物の発見と生活のなかでの利用により，物質生産法として完全に定着した。

　溶液状態の酵素は不安定であることが多く，生産物からの分離が困難になる欠点を有するが，この欠点を克服するために**固定化酵素**（immobilized enzyme）や膜分離型酵素反応装置も実用化されている。また，微生物菌体を酵素の袋とみなし，これを一段，あるいは複数ステップの酵素触媒として用いる方法も多用されている。本章では，酵素あるいは微生物を用いた物質生産技術について分野ごとに解説する。

13.2 食品分野

13.2.1 異性化糖

　果糖は果物や蜂蜜に多く含まれ，ブドウ糖と同じ分子式をもつが，砂糖の1.2〜1.8倍の甘さをもつ。**異性化糖**とは，デンプンを酵素により加水分解して得られた主としてブドウ糖からなる糖液を酵素（グルコースイソメラーゼ）により異性化した果糖またはブドウ糖を主成分とする糖をいう。**図13.1**に異性化糖の製造スキームを示す。デンプンはブドウ糖から構成されているが，ブドウ糖をより甘味の強い果糖に異性化させることによって甘味をより強めることができる。1965年にわが国では世界に先駆けて微生物由来のグルコースイソメラーゼによる果糖とブドウ糖の混合物（異性化糖）の工業生産を開始した。果糖は低温での甘味度が高い特性をもつため，特に清涼飲料水などの甘味料として大量に使われている。

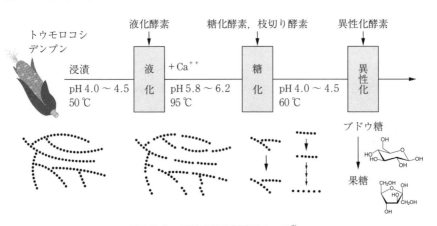

図 13.1　異性化糖の製造スキーム[2]

　工業的製法は固定化酵素や固定化微生物によるバイオリアクターにより，異性化反応であるため異性化率45％の異性化糖液を連続的に生産する。製品は果糖含有率（糖のうちの果糖の割合）が50％未満のものをブドウ糖果糖液糖，

13.2 食品分野　177

果糖含有率が 50 ％以上 90 ％未満のものを果糖ブドウ糖液糖，果糖含有率が 90 ％以上のものを高果糖液糖という。

13.2.2　トレハロース

トレハロースは，ブドウ糖 2 分子が α-1,1 結合した非還元性の二糖である。甘さは砂糖の 45 ％で良質な味質をもち，デンプンの老化防止作用やタンパク質変性抑制などの機能があり非還元糖であるため加工時に着色や分解が少なく，食品加工分野で幅広く使われている。

　トレハロースは自然界に広く存在する糖質であり，保水力が高い機能性は注目されていたが，日本の林原がデンプンを原料とする安価な製法を開発した（**図 13.2**）。製法としては，デンプンをマルトオリゴ糖に分解し，マルトオリゴ糖の還元末端をマルトオリゴシルトレハロース生成酵素（MTSase）によ

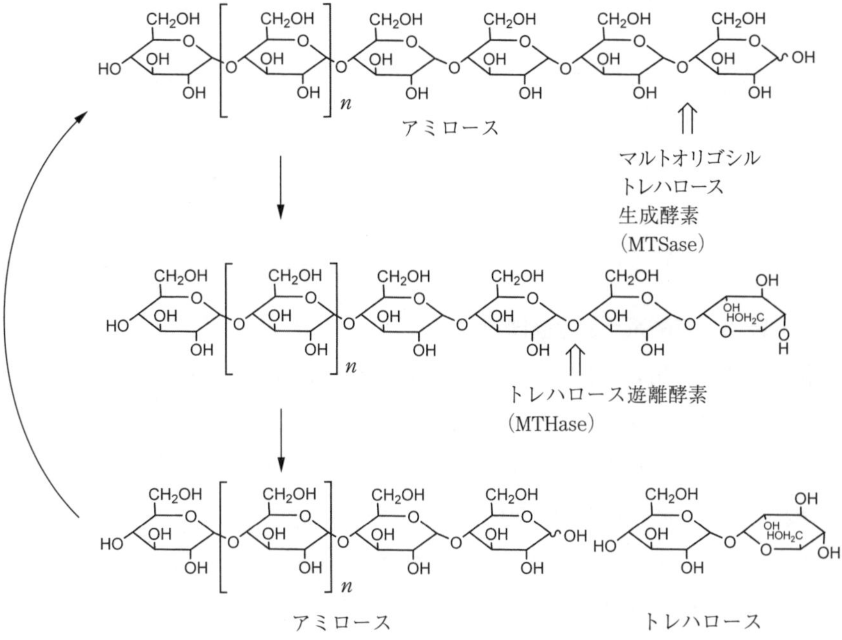

図 13.2　トレハロースの製法

り分子内転移（α-1,4 結合から α-1,1 結合へ）させ，さらに，トレハロース遊離酵素（MTHase）によって末端のトレハロースを切り出す．

13.2.3 機能性油脂

リパーゼ（lipase）はトリアシルグリセロール（油脂）の加水分解酵素であるが，水分子が少ない条件ではエステル交換反応が可能である．そこでリパーゼの位置選択性を利用し，油脂の 1,3 位に特異的に作用するリパーゼを用いることにより，安価な油脂から任意の脂肪酸に交換した機能性の油脂が製造され，カカオバター代用脂，中鎖脂肪酸含有脂，乳幼児用油脂などの**機能性油脂**の生産が行われている．

カカオバター代用脂の製法としては，高オレイン酸ヒマワリ油に 1,3 選択的リパーゼの固定化酵素を用いてステアリン酸を 1,3 位に選択的に結合させる（**図 13.3**）．1980 年代中ごろから不二製油により工業生産されている．

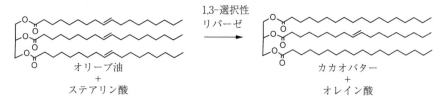

図 13.3 オリーブ油のエステル交換によるカカオバター様油脂の生成

13.2.4 核酸系うまみ調味料

化学調味料に用いられる呈味性ヌクレオチドの生産は，核酸発酵[3]によりイノシン，グアノシンをつくり，化学的にリン酸化することによりイノシン酸，グアニル酸を生産していた．味の素と富山県立大学のグループはヌクレオシドに選択的にリン酸化する酵素反応によるリン酸基転移反応を見い出し，核酸発酵を出発点とする一貫したバイオ製法を開発し 2003 年ごろから工業生産を開始している（**図 13.4**）．

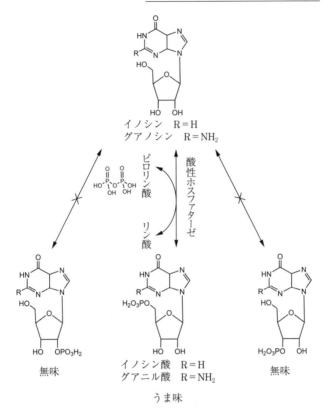

図 13.4 微生物酵素によるヌクレオシドのリン酸化

13.3 化学品, ビタミン分野

13.3.1 ニコチン酸アミド

アクリルアミドのバイオ製法は0章で説明したが, 同じニトリルヒドラターゼの反応によりニコチン酸アミドも生産されている。ニコチン酸アミドはビタミンB群の1種でナイアシンともよばれる。3-シアノピリジンを原料として, ニトリルヒドラターゼによる水和反応でニトリル基をアミドに変換して合成される (**図 13.5**)。

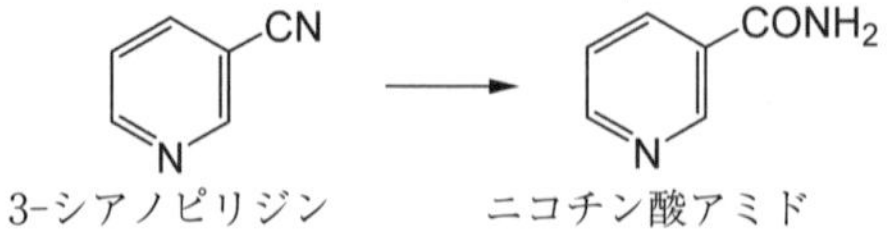

180   13. 酵素バイオリアクター

3-シアノピリジン　　　ニコチン酸アミド

図13.5　ニトリヒドラターゼによる
ニコチン酸アミドの合成

13.3.2 配　糖　体

配糖体とは，糖の**ヘミアセタール**性水酸基に糖以外の物質が結合した化合物をいう。植物ではさまざまな二次代謝産物が酵素反応により配糖化され，水溶性や生理活性発現の制御を受けている。微生物の配糖化酵素の探索により，さまざまな化合物の配糖化を可能とし，機能性の食品素材や化粧品素材が生産されている。**図13.6**に例を示す。

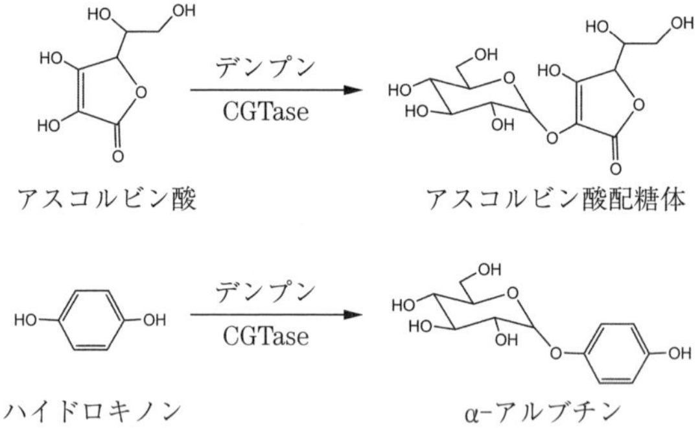

アスコルビン酸　　　　　　　　アスコルビン酸配糖体

ハイドロキノン　　　　　　　　α-アルブチン

図13.6　CGTaseによる配糖体の合成

アスコルビン酸はビタミンCとして必須の栄養素であり，メラニン色素の沈着抑制や免疫力強化などの生理活性を有する。しかし，アスコルビン酸は熱や光，酸素などにより酸化分解しやすい。林原は微生物由来の糖転移酵素シクロマルトデキストリングルカノトランスフェラーゼ（CGTase）を用いることによりアスコルビン酸の2位にグルコースを転移し，アスコルビン配糖体である 2-O-α-D-グルコピラノシル-L-アスコルビン酸（AA-2G）を合成できることを見い出した。AA-2Gはアスコルビン酸の生理機能を有し，安定性が高く化粧品などに配合されている。

α-アルブチンはハイドロキノンにグルコースがα結合で転移した化合物であり，微生物由来の糖転移酵素によりマルトペンタオースとハイドロキノンから合成できる。α-アルブチンは，日焼けの原因となるヒトチロシナーゼの阻害効果があり，メラニンの生成を抑制する。2002年より江崎グリコにより美白用化粧品原料として販売されている。

13.4 医薬分野

13.4.1 光学活性アミノ酸

化学反応で合成したラセミ体のアミノ酸前駆体から酵素反応の立体選択性を利用して光学活性なアミノ酸を合成する手法が多く開発されている。1970年ごろからL型アミノ酸（天然型アミノ酸）を目的としたプロセスが多く開発されたが，発酵法の技術革新により現在では多くのL型アミノ酸は発酵法による製法にとって代わられている。一方，医薬や農薬の原料となるD型のアミノ酸や非天然型のアミノ酸は発酵法による生産は困難であり，食品や飼料用でない高価な特殊アミノ酸の製法として活用されている。

アミノアシラーゼを固定化し，N-アシル-DL-アミノ酸を原料とし，L-アミノ酸のアシル基のみを立体選択的に加水分解することにより，D-アミノ酸を取得することができる（**図13.7**）。田辺製薬（現，田辺三菱製薬）により1969年に固定化バイオリアクターが工業化された。本法が世界で初めての固定化酵素バイオリアクターの実用化例である。反応で残ったN-アシル-D-アミノ酸はラセミ化することにより原料として用いることができ，理論的なモル

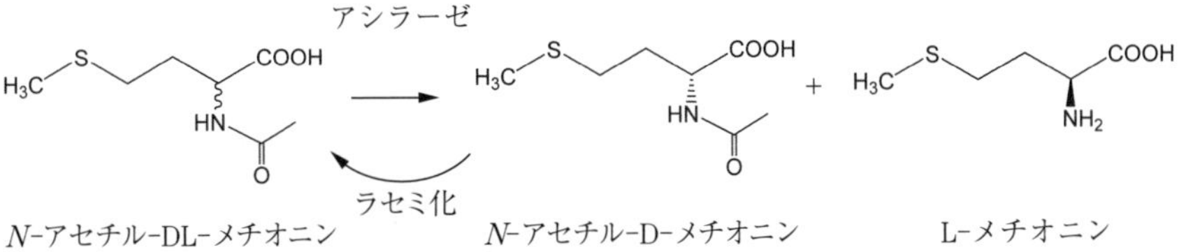

アシラーゼ

ラセミ化

N-アセチル-DL-メチオニン　　　　N-アセチル-D-メチオニン　　　　L-メチオニン

図13.7 アシラーゼによるアミノ酸の光学分割

182　13. 酵素バイオリアクター

収率は 100 ％となる。

　非天然型のアミノ酸を酵素合成する方法としてはカネカが開発したヒダントイン法が有名である。5-置換ヒダントインを基質とし微生物由来のヒダントイナーゼで立体選択的に加水分解し，N-カルバモイル-D-アミノ酸を得る。さらにカルバモイル体を酵素（カルバミラーゼ）で加水分解することにより D-アミノ酸を得ることができる。5-置換ヒダントインを水中でラセミ化すればモル収率 100 ％で原料のヒダントインから光学活性アミノ酸を合成することが可能である。D-ヒドロキシフェニルグリシンは，β-ラクタム系抗生物質であるアモキシリンの側鎖原料であり，DL-5-（p-ヒドロキシフェニル）ヒダントインから立体選択的なヒダントイナーゼおよび N-カルバモイル-D-p-ヒドロキシフェニルグリシンに作用するカルバミラーゼにより合成することができる（**図13.8**）。

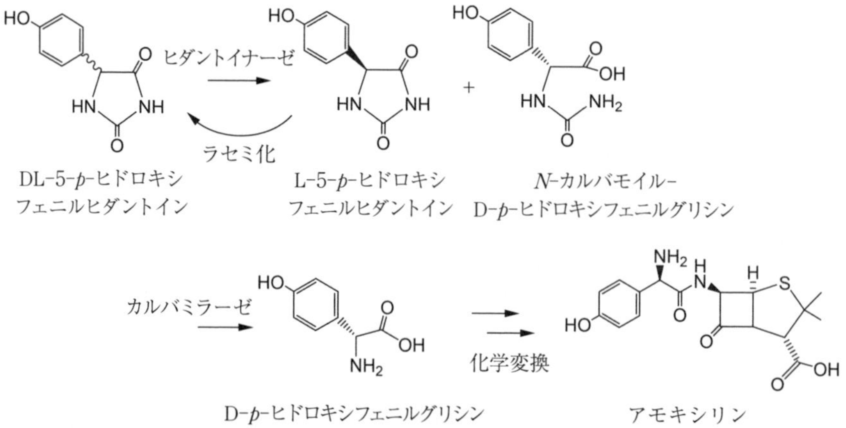

図13.8　ヒダントイン法によるアモキシリンの合成

13.4.2　光学活性アミン

　アミノ酸やアミンのアミノ基を補酵素である**ピリドキサルリン酸**（PLP）を介してケト酸やカルボニル基に可逆的に転移する酵素をトランスアミナーゼという。アミンの転移は立体選択的に行われるため，光学活性なアミノ化合物の合成に使用可能である。

13.4 医 薬 分 野   *183*

　メルク社の糖尿病治療薬であるジャヌビアはキラルなアミンを有する構造を
もつ。当初は化学合成法により合成していたが，2010年ごろにトランスアミ
ナーゼによる光学活性アミンの合成法に製法変更した（**図13.9**）。酵素法へ
の製法変更により生産物の光学純度の向上，トータルの収率の向上などが達成
され，環境性能に優れた製法となった（0章のコラム参照）。

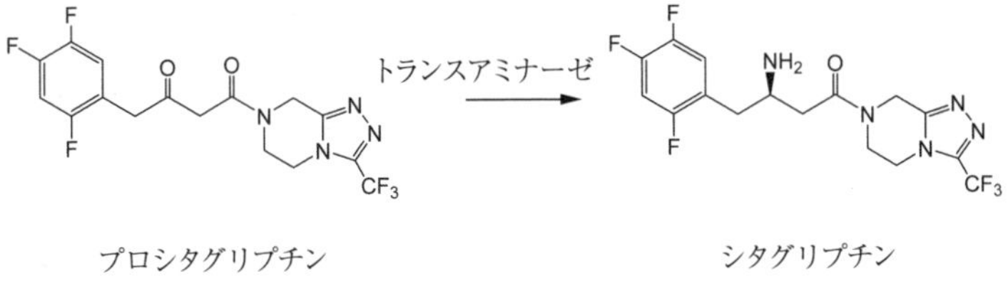

プロシタグリプチン　　　　　　　　　　　　　　シタグリプチン

図13.9　トランスアミナーゼによる光学活性アミンの合成

13.4.3　*β*-ラクタム系抗生物質

　ペニシリン（penicillin）はフレミングによって青かびの一種 *Penicillium* 属
から単離された世界で最初の抗生物質である。ペニシリンは*β*-ラクタム構造
とよばれる特徴的な構造を有し，細菌の細胞壁合成反応を阻害する。ペニシリ
ンの登場以降，多くの抗生物質が発見，実用化されており，人類の医療には欠
かせない化合物である。*β*-ラクタム構造をもつ抗生物質を*β*-ラクタム系抗生
物質というが，**図13.10**に示したように，基本構造となる6-アミノペニシ

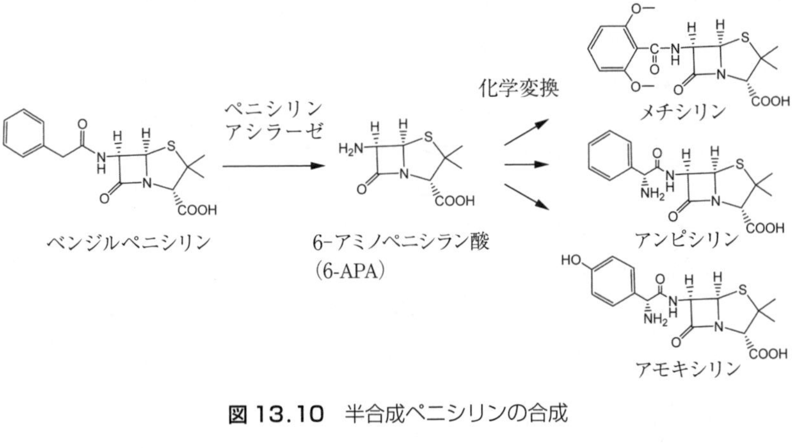

ベンジルペニシリン　　　　　6-アミノペニシラン酸　　　　　　　アンピシリン
　　　　　　　　　　　　　　　（6-APA）

アモキシリン

図13.10　半合成ペニシリンの合成

ラン酸（6-APA）はペニシリンアシラーゼを使ってペニシリン側鎖のアミド結合を加水分解し製造する。6-アミノペニシラン酸からアンピシリンやアモキシリンなどの半合成ペニシリンを合成する。

同様に，セファロスポリンなどのセフェム系抗生物質もセファロスポリンCを固定化アシラーゼで加水分解し，7-アミノセファロスポラン酸（7-ACA）を製造し，セフェム系抗生物質も合成に用いている（図13.11）。

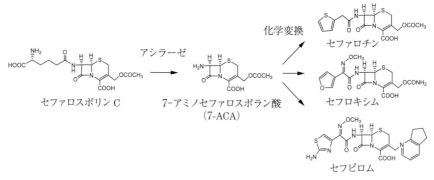

図13.11 セフェム系抗生物質の合成

> **コラム** アミノ酸系甘味料アスパルテームの製法開発

アミノ酸系合成甘味料のアスパルテームはL-アスパラギン酸とL-フェニルアラニンからなるジペプチドで砂糖の180倍の甘味倍率を示す。1965年に米国サール社の研究者がアスパルテームの付着した指を舐めたことから強い甘味を発見した話は有名で，研究の副産物として偶然生まれてきた。

原料となるL-アスパラギン酸はフマル酸からフマラーゼによる酵素法で合成できる。フェニルアラニンのつくり方によりアスパルテームの合成には二つの競合法が存在した。一つは合成DL-フェニルアラニンを原料とする選択的な酵素法（図（a））で，もう一つはL-フェニルアラニンを用いる方法である（図（b））。当初，図（a）の方法は安価なラセミ体のフェニルアラニンを利用できるのが魅力であったが，発酵法の技術革新により発酵L-フェニルアラニンが安価になったことから，現在では発酵L-フェニルアラニンを用いる合成法が優位となっている。

演　習　問　題　　*185*

D-フェニルアラニン
リサイクル

(a)

DL-フェニルアラニン
メチルエステル

N-保護-L-アスパラギン酸　　酵素法

N-保護-アスパルテーム

(b)

L-フェニルアラニン
メチルエステル

N-保護-L-アスパラギン酸　　合成法

図　アスパルテーム合成法の比較

-------------------------------- **演　習　問　題** --------------------------------

【13.1】　モノづくりにおいて，化学反応と比べた酵素反応のメリットを三つ記せ。

【13.2】　デンプンを原料とする酵素バイオプロセスの例を調べよ。

【13.3】　カカオバター代用油は，リパーゼにより飽和脂肪酸を不飽和脂肪酸に置換
　　　　することで合成できる。脂肪酸は二重結合でなぜ融点が低くなるか。飽和
　　　　脂肪酸と不飽和脂肪酸の物理的性質の違いを述べよ。

【13.4】　医薬品で不斉炭素をもつ化合物は光学活性体で開発することが多く，その
　　　　ため酵素反応による合成例が多い。医薬品を光学活性体で開発する理由を
　　　　述べよ。

【13.5】　抗生物質の発見と抗生物質耐性微生物の出現について調べよ。

14章 排水処理プロセス

◆本章のテーマ

　本章では生物学的な排水処理について解説する。水はあらゆる生物の生存に不可欠であり，特に人間には良質な水が必要である。とりわけ飲用や調理用の水には非常に高い水質が求められるし，そのほかの生活用水や身近な水圏も清潔でなければならない。水環境の保全は重要な公共的取組みではあるものの，それ自体が莫大な付加価値を生み出すことはない。したがって排水処理プロセスは，要求性能を満たしつつ可能な限り低コストで運用することが肝要である。化学的および物理的手法による排水処理も可能だが，微生物による自然浄化作用に基づく生物学的処理は最も合理的な手段であり，補助的に化学および物理的方法を取り入れるとしても，現状では生物学的処理が排水処理の根幹をなしている。水道水を供給するための浄水処理においても，やはり微生物の作用を浄化に用いる緩速ろ過法が多用されている。したがって，水処理プロセスを理解し正しく運用するには工学的知識とともに微生物に関する知識が欠かせない。

◆本章の構成（キーワード）

14.1　排水処理の概要
　　　有機物，窒素，リン，水質の指標，好気処理，嫌気処理
14.2　浮遊生物法
　　　活性汚泥法，嫌気性接触法，凝集体（フロック），固液分離
14.3　固着生物法（生物膜法）
　　　散水ろ床法，回転円盤法，浸漬ろ床法，固定床，流動床，合併浄化槽
14.4　余剰汚泥の減容化と活用
　　　嫌気性消化，コンポスト，メタン発酵

◆本章で知ってほしいこと（チェックポイント）

- □　排水処理の主目的は，排水からの有機物，窒素，リンの除去であること。
- □　排水処理の根幹は微生物を利用した生物学的処理であること。
- □　生物学的処理には好気処理と嫌気処理があること。
- □　生物学的処理は浮遊生物法と生物膜法に大別できること。
- □　好気処理と嫌気処理を組み合わせることによって除去性能が上がること。

14.1 排水処理の概要

14.1.1 排水処理の目的

　微生物の働きを利用した排水処理の主たる目的は有機物と栄養塩類（特に窒素化合物とリン化合物）の除去である。有機物はこれを基質とする従属栄養微生物の増殖をもたらす。窒素とリンは植物や藻類などの独立栄養生物に不足しがちであり，窒素化合物やリン化合物が湖沼や河川に放たれれば独立栄養生物が増大し，これが発端となる**食物連鎖**（food chain）によって従属栄養生物の繁茂をきたす。栄養塩類過多になることを**富栄養化**（eutrophication）という。有機物が過剰に供給されたり富栄養化が進行したりすると水圏は濁ったり（微生物の浮遊）不快臭を放ったり（硫化水素や揮発性有機酸などの悪臭物質の発生）黒ずんだり（硫化水素と二価鉄イオンの反応による硫化鉄の生成）するようになる。こうした汚濁は単に美観を損ねるだけでなく病原性微生物の温床にもなりかねない由々しき現象である。

　家庭や工場で発生する排水を処理せずに放流すれば流域の汚濁が引き起こされ環境が悪化する。排水を放流する前に処理場に集めて有機物と栄養塩類を微生物の働きで除去しなければならない（**図 14.1**）。大都市を流れる河川の河口域では流れる水に占める処理水の割合は9割にも達する。人口密集地以外で

図 14.1　人口の密集度に応じた排水処理

188　　14. 排水処理プロセス

は各戸に小型の浄化層（合併浄化槽）を埋設して対応する。十分な敷地があれば排水を単に貯留池（安定化池）に集め，自浄作用（生物学的処理と沈殿）の後に放流することもできる。いずれの方法でも浄化の引換えとして浄化に寄与した微生物が蓄積する。

14.1.2　水質の指標

水質の評価に用いられる指標としては**生物学的酸素要求量**（biological oxygen demand, BOD），**化学的酸素要求量**（chemical oxygen demand, COD），**浮遊物質**（suspended solids, SS），**溶存酸素量**（dissolved oxygen, DO），透明度，大腸菌群数，pH などがある。このほかにも有害物質について規制基準が設定されており，排水処理にはそれらの基準を満たすことが求められる。

BOD は河川水に飽和量の酸素と十分な量の栄養塩類を加えて暗所で培養した際に消費される酸素量であり，微生物が利用できる有機物の量を反映する。BOD の測定には数日を要することから，より簡単に有機物量を測定できる COD で代用されることが多い。ただし，COD には無機物や微生物には利用できない有機物も含まれてしまう。SS は 1 μm 以上の浮遊物を指し，その濃度（mg/L）は濁りの指標である。大腸菌は環境中にはほとんど存在せず腸管内のみに生息することから，大腸菌数および大腸菌群数は衛生状態を示す重要な指標である。

好気性従属栄養微生物による有機物の分解（酸化）に際しては酸素が消費されるので DO は低下する。逆に光合成生物（水生植物，藻類，シアノバクテリアなど）は光合成によって酸素を生じることから DO を上昇させる。したがって，DO は好気性従属栄養細菌と光合成生物の作用のバランスを示す指標といえる。一概にはいえないものの，高 DO であれば清らかな水圏であり，低 DO であれば汚濁が進んだ水圏とおおよそ考えてよい。水深が深いほど大気からの酸素供給はされにくくなり，光も届きにくく光合成による酸素供給も期待できないため，深いほど DO は低下する。つまり，水深が深いところは嫌気性微生物に適した環境である。有機物が多いと酸素は水面近くですら消費しつくされ

てしまうため，嫌気性微生物が増殖できる範囲は広がる。

14.1.3 好気処理と嫌気処理

生物学的排水処理は培養形式としては混合培養とみなせる。浄化を担う雑多な微生物の**生態系**（ecosystem）は処理装置の運転条件を変えることである程度は制御できるが基本的には自然発生的である。処理装置内で有機物と栄養塩類の除去がなされると必然的に微生物の増殖がもたらされる。余分な微生物（余剰汚泥）は廃棄物として処理しなければならない。

生物学的排水処理の形式は**好気処理**（aerobic treatment）と**嫌気処理**（anaerobic treatment に大別できる（**図 14.2**）。好気処理とは好気（通気）条件下における好気性および通性嫌気性の細菌を主体とする微生物群集による浄化である。従属栄養細菌の作用で有機物は二酸化炭素と水に完全分解される。排水中のアンモニウムイオンは，好気処理では硝化細菌の働きで酸化されて硝酸イオンになる。リン酸イオンはリン蓄積菌に取り込まれてポリリン酸に変換される。

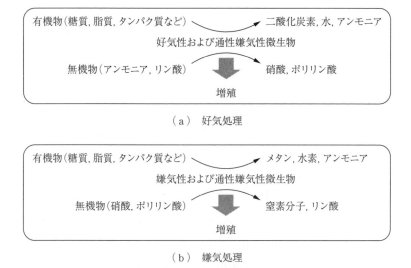

図 14.2　好気処理と嫌気処理の対比

190   14. 排水処理プロセス

嫌気処理における有機物分解は2段階（酸生成とメタン生成）で，まず嫌気性従属栄養細菌が有機物（脂質，糖質，タンパク質など）をより単純な有機物（酢酸，ギ酸など）や水素に変換する。つぎに，メタン生成菌が酢酸，ギ酸，水素をメタンに変換する。排水中に硫酸イオンが多ければメタン生成は抑制され，酢酸，ギ酸，水素などは硫酸還元菌に利用され硫化水素が生じるが，通常の排水処理ではメタン生成が優勢である。嫌気下において硝酸イオンは脱窒菌の作用で窒素分子となり空気中に散逸する。すなわち，嫌気下では窒素除去（脱窒）が可能である。一方，好気下でリン酸イオンを取り込むリン蓄積菌は嫌気条件下では逆にリン酸イオンを放出するため，嫌気処理によるリン除去はあまり期待できない。

好気処理と嫌気処理にはそれぞれ一長一短がある。有機物の迅速かつ徹底した除去とリンの除去には好気処理が向いているが，脱窒は起こらず窒素除去には不向きである。しかし，脱窒の前提となる硝化（硝化細菌によるアンモニアイオンの硝酸イオンへの変換）は進行する。嫌気処理では硝化は起こらないが脱窒による窒素除去が可能である。また，水素やメタンといった燃料ガスを得られるという利点がある。さらに，嫌気代謝のエネルギー効率は好気代謝よりも低いことから，嫌気処理の余剰汚泥の発生量は好気処理で同じ排水を処理した場合に比べ少ない。したがって，好気処理と嫌気処理を組み合わせた排水処理プロセスが合理的である。

14.2 浮遊生物法

14.2.1 活性汚泥法

有機物に富む排水に空気を吹き込むと（ばっ気すると），細菌，原生動物，後生動物の複雑な凝集体（フロック，floc）である**活性汚泥**（activated sludge）が生じる。活性汚泥を構成する微生物の種類や量，すなわち活性汚泥の生態系は，排水に含まれる有機物や無機物の量と組成によって大きく異なる。したがって，ある排水に対して安定した処理をもたらす活性汚泥を他の排水の処理

に用いても，すぐには期待したほどの浄化効果は現れない。しかし，投入された活性汚泥の生態系は徐々に新たな排水に適応し，やがて高い処理能力を発揮するようになる。処理に関わる微生物生態系が状況の変化に対応して適切に変化することを馴養(じゅんよう)という。

活性汚泥はばっ気槽内で撹拌されながら速やかに有機物（不溶性，可溶性に関わらず）を吸着し，各種分解酵素による低分子化と好気的分解によって完全分解される。原生動物は食物連鎖において細菌の上位に位置し，直接的には有機物を消費しないものの細菌を捕食することによって間接的に有機物を消費するとともに汚泥の減容化に寄与する。さらに，原生動物には浮遊性の細菌を選択的に捕食するものがあり，これは活性汚泥フロックの安定化と処理水の清澄化にも寄与する。おもな活性汚泥法を図14.3に示す。

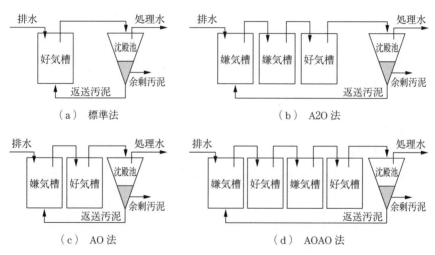

図14.3　おもな活性汚泥法

最も単純な標準活性汚泥法はばっ気槽と沈殿池から構成され（図14.3），沈殿池で活性汚泥は沈殿として上澄液（処理水）と分離される。ばっ気槽において高い活性汚泥濃度が維持され安定した浄化能力が得られるよう，沈殿池で除いた活性汚泥の一部（返送汚泥）はばっ気槽に戻される。余った活性汚泥は余剰汚泥として廃棄される。排水のばっ気槽での滞留時間と返送汚泥量は重要な

192   14. 排水処理プロセス

操作因子である。活性汚泥が膨化（バルキング）したり浮上したりして沈殿池での固液分離が妨げられ処理水の引き抜きが困難になる場合がある。このような固液分離障害は活性汚泥の沈降性を悪化させる好気性糸状性細菌の占有率の増大が原因と考えられている。沈殿池を用いず膜ろ過で汚泥と処理水を分離してばっ気槽内の活性汚泥濃度を高い状態に保つ方法を膜分離活性汚泥法という，固液分離障害のおそれがなく沈殿池が不要で場所を取らない優れた方式である。ただし，膜の目詰まりへの対処などの管理は必要である。

　活性汚泥法開発の主眼はもともと BOD の低下だったが，河川や湖沼の富栄養化をもたらす栄養塩類（特に窒素とリン）も求められるようになった。前述のように，窒素除去については好気下での硝化と嫌気下での脱窒の組み合わせで対応でき，リン除去については嫌気下でのリン放出と好気下でのポリリン酸蓄積で対応可能である。そこで現在の活性汚泥法では，ばっ気（好気, oxidative）槽と嫌気（aerobic）槽を交互に組み合わせたプロセスとすることで，BOD，窒素，リンの除去を実現している（図 14.3）。好気処理に先立って嫌気処理を行うのはバルキング予防としても有効である。

14.2.2　嫌気性接触法（嫌気的活性汚泥法）

　ばっ気を行わない嫌気的な状態でも嫌気性微生物の生態系が形成され有機物の分解は可能である。ただし，有機物は二酸化炭素と水に酸化的に分解されるのではなく，メタンや水素といったガスに還元的に分解される（**図 14.4**）。メタン生成菌の増殖速度は低いので，メタン生成菌の増殖がしばしば嫌気処理の律速因子となる。処理の主体となるのは通性嫌気性および絶対嫌気性の細菌であり，嫌気性細菌が細胞内共生している嫌気性原生動物も例外的に含まれるものの，基本的に好気性である原生生物はほとんど寄与しない。嫌気処理ではBOD 除去と脱窒は可能なものの硝化とリン除去は期待できない。窒素やリンの除去まで欲するなら好気処理との組合せが必要である。

　嫌気性微生物群からなる嫌気性汚泥は活性汚泥と同じように凝集体を形成して浮遊しながら浄化をもたらす。当然ながら，**嫌気性接触法**（anaerobic

14.3 固着生物法（生物膜法）   193

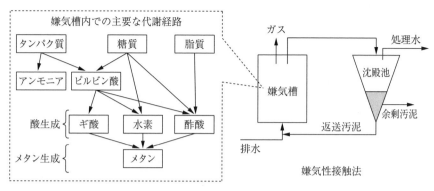

図14.4 嫌気性接触法と嫌気代謝経路の概要

contact process）でも活性汚泥法と同じく沈殿によらず膜分離で汚泥を回収することも可能である。嫌気性汚泥の生態系は活性汚泥に比べ階層性に乏しいながら，嫌気代謝のエネルギー効率の低さゆえに余剰汚泥発生量は比較的少ない。排水の質にも依存するが，条件によって嫌気性汚泥は強固な顆粒（granule）を形成する。これを形成させて運用する方法が上向流式嫌気性汚泥床（upflow anaerobic sludge blanket，UASB）法であり，メタン発生を意図したエネルギー回収型の高効率な嫌気処理法である。

14.3 固着生物法（生物膜法）

14.3.1 生物膜法の特徴

微生物群集は凝集体を形成して浮遊するだけでなく固体表面に定着して生物膜を形成することもできる。微生物が砂礫や合成樹脂などの固体（担体）の表面に定着することによって生じる**生物膜**（biofilm）で排水処理を行わせる方法を**固着生物法**（**生物膜法**，fixed-film activated sludge process）とよぶ。排水の流量が多かったり有機物濃度が低かったりすると活性汚泥法では汚泥の流亡が起きるが，生物膜法では微生物が担体に付着しているため，そのような状況下でも流亡のおそれがなく安定した処理が可能である。さらに温度，溶存酸素濃度，有機物濃度の変動に対しての安定性も比較的高い。生物膜法では増殖の遅

い生物も装置内に留まれるので，独立栄養細菌，菌類，小型の昆虫なども見い出される。豊かな生態系ゆえに排水あたりの余剰汚泥の発生量は活性汚泥法よりも少なく，処理後の固液分離においてもバルキングなどの障害のおそれがない。分解に時間を要する物質の除去もできるという特長もある。生物膜法として最初に実用化されたのは**散水ろ床法**（sprinkling filter process）である（図 **14.5**）。担体を積み上げた上からに排水を散水する方式であり，排水が担体（ろ材）の隙間を流れる際に担体表面の生物膜と接触することによって好気的に浄化が行われる。ばっ気や汚泥返送の設備が不要で管理が容易なのが特長である。ろ材にはもともと砕石が用いられていたが現在ではもっぱら樹脂素材が用いられる。

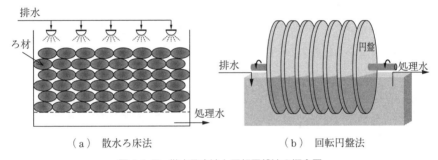

(a) 散水ろ床法　　　　　　(b) 回転円盤法

図 14.5　散水ろ床法と回転円盤法の概念図

14.3.2　回 転 円 盤 法

散水ろ床では担体は固定されているが，**回転円盤法**（rotary disk process）では適度な間隔で並べた円盤状のろ床の一部（通常は 40％程度）を排水に浸しながらゆっくり回転さる。円盤表面に形成される生物膜で好気的処理を行うのでばっ気は必要ない（図 14.5）。円盤全体を排水に浸せば嫌気処理も可能だが，後述の浸漬ろ床に勝る点がないのでほとんど行われない。動力軽減のためろ材は軽量であることが望ましいので合成樹脂が主流である。比較的狭い場所でも設置できるので工場などでの比較的小規模な排水処理に向いている。また，活性汚泥法と組み合わせ，その前処理として運用することも可能である。

14.3.3 浸漬ろ床法

散水ろ床法と回転円盤法では担体が空気に接するのに対し，生物膜が付着した担体を水中に浸漬した状態で運用する方式が**浸漬ろ床法**（submerged biofilter process）である（**図 14.6**）。処理槽に通気すれば好気処理が行われ，通気しない場合には嫌気処理が行われる。好気処理と嫌気処理のどちらにも運用しやすいのが浸漬ろ床法の特徴である。

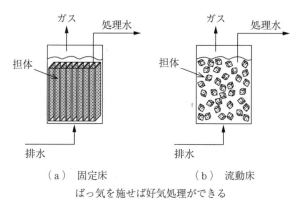

（a）固定床　　　　　　（b）流動床
ばっ気を施せば好気処理ができる

図 14.6　嫌気性浸漬ろ床法の二つの形式

担体を装置内に固定して運用する方式は**固定床**（fixed bed）とよばれ，担体を浮遊状態で運用する方式は**流動床**（fluidized bed）とよばれる。固定床に用いられる担体としては合成樹脂製が標準的で，形状は板状，円筒状，粒状など多様である。固定床で好気処理を行う場合には，処理槽の底部からばっ気することで撹拌と酸素供給を兼ねる場合が多く，接触ばっ槽とよばれる。

浸漬ろ床法は住宅用の**合併浄化槽**（household wastewater treatment tank）に用いられている（**図 14.7**）。嫌気性ろ床法（嫌気ろ床層）は一次処理の常法であり，有機物の嫌気的分解とともに脱窒（硝酸の窒素分子への変換）が行われる。好気性ろ床法（接触ばっ気槽）が二次処理として組み合わされ，ここでは有機物の好気的分解と硝化（アンモニアからの硝酸の生成）が進行する。有機物分解と窒素除去を徹底するため，二次処理水の一部は嫌気ろ床槽に戻される。合併浄化槽ではリンの生物学的除去はあまり期待できないので，高度な

14. 排水処理プロセス

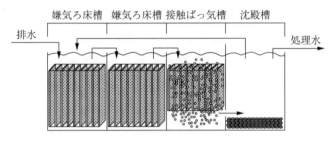

図14.7 合併浄化槽の例

リン除去を求める際には好気槽に鉄電解処理装置を組み込んで不溶性のリン酸鉄として回収する必要がある。

14.4 余剰汚泥の減容化と活用

排水処理で生じる**余剰汚泥**（waste sludge）は，食品廃棄物などとともに主要な生物系廃棄物である。余剰汚泥の主体は微生物であり有機物と無機物に富む。余剰汚泥の減容と活用の方法には，主として**コンポスト化**（composting）と**嫌気性消化**（anaerobic digestion）の二つがある（図14.8）。

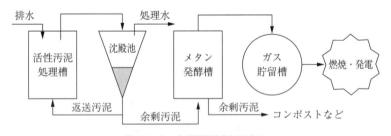

図14.8 余剰汚泥減容の流れ

コンポストとは，生物系廃棄物を適度にかき混ぜて空気を供給し，含まれる易分解性有機物を微生物で分解ことによって得られる有機肥料である。処理時の発酵熱を 60～70℃ に制御することによって病原性微生物の不活性化と乾燥がもたらされるため，安全で保存性の高い肥料となる。ただし，コンポスト化には汚泥を十分に脱水しておく必要がある。また，発酵の際には揮発性有機

酸，アンモニア，硫化水素などの悪臭物質が発生するので，その対策も必要である。

　嫌気性消化とは余剰汚泥中の易分解性有機物から可燃性ガス（メタン）を得つつ減容化を達成する方法である。前述のように，嫌気性従属栄養細菌による有機物の低分子有機酸および水素への変換（酸生成）はメタン発酵の前段階であり，メタンの生成量は前段階における有機物分解効率に依存する。今後の燃料電池技術の発展を見据えれば，汚泥から水素を得る方法の確立が望まれる。嫌気性消化で水素を得ること自体は可能ながら，燃料電池への供給に適した純度の水素を得ることは容易ではなく，技術革新が求められている。

コラム　小型浄化槽の小さな歴史

　高度経済成長による繁栄の一方で日本は公害という深刻な社会問題に直面した。湖沼汚濁の対策として昭和58年（筆者の大学入学の年）に浄化槽法が制定され，農家に対しても浄化槽の設置が促された。筆者の故郷の清流でも汚濁が進み，小学4年生ごろから遊泳禁止となっていた。大学生となった筆者が配属された研究室の教授は水処理が専門の情熱家だった。お役所の意向で山村に赴いては農家に小型浄化槽の必要性を説いた。当時の農家は減反政策で苦しんでおり水環境への関心は皆無で，講演参加はお膳立てした役場への義理である。教授は不愛想な聴衆に対して，「茶碗一杯のご飯と茶碗一杯の糞尿のどちらが汚いと思うか」と切り出し，意表を突かれた何人かは否応なく話に引き込まれた。衛生面を度外視すれば，利用しやすい有機物に富んだご飯のほうが環境負荷は高く「汚い」というのが教授の主張である。突飛な講演が功を奏したかどうかはわからないが，筆者が長めの学業を終えたころ，故郷の家々にもようやく合併浄化槽が導入され川はかつての清浄さを取り戻した。ただし，一帯は限界集落となり泳ぐべき子どもはすでにいなくなっていた。

-------------------------------- 演　習　問　題 --------------------------------

【14.1】　生物学的排水処理プロセスにおける有機物分解過程で，タンパク質からはアンモニアが生じる。その理由を説明せよ。

【14.2】　リンと窒素が代表的な栄養塩類である理由を説明せよ。

【14.3】　生物学的窒素除去を達成するには好気処理と嫌気処理を交互に行うことが肝要である。それぞれの処理で貢献が期待される細菌群の特徴を説明せよ。

198   14. 排水処理プロセス

【14.4】 硫酸イオン濃度が高い排水に対して嫌気処理を施した場合，同じ有機物組成および濃度で硫酸イオン濃度が低い排水に比べメタンの発生量は低下すると想定される。発生量低下の原因となる微生物群の作用を説明せよ。

【14.5】 活性汚泥法において固液分離障害が発生した場合，緊急措置としてどのような対処法が有効か考察せよ。

【14.6】 生物膜法には固液分離過程を省略できたり固液分離障害に見舞われにくくなったりといった利点があるが，特に大規模な処理施設では活性汚泥法が主力となっている。その理由を考察せよ。

【14.7】 排水処理を行いつつ効率的に水素を得るにはどのような技術革新が求められるかを考察せよ。

第 4 部：これからの生物化学工学

15章 これからの生物化学工学

◆ 本章のテーマ

　本章では，ゲノム解読技術やゲノム編集技術の進展など，バイオテクノロジーの目覚ましい進展により生物化学工学が今後寄与する専業分野を解説していく。ゲノムの解読により生物の機能を推測することが可能となり，その機能を拡充するゲノム編集技術が進むことにより，生物によるモノづくりはバイオマスからより高度な化学品の生産が可能になる。また，医療分野においても iPS 細胞に代表されるバイオテクノロジーの進歩により再生医療が新たな産業となる。

◆ 本章の構成（キーワード）

15.1　バイオテクノロジーを飛躍的に発展させる技術革新
　　　　　ゲノム解読，ゲノム編集
15.2　合成生物学による生物的モノづくりの革新
　　　　　発酵法，合成生物学
15.3　医療の変革
　　　　　再生医療，ES 細胞，iPS 細胞

◆ 本章で知ってほしいこと（チェックポイント）

☐　ゲノム情報の解読により生物機能の理解が進むこと。
☐　ゲノム編集など遺伝子組換え技術の進歩により生物機能の拡充がより可能になること。
☐　合成生物学により生物によるモノづくりがより発展すること。
☐　再生医療はバイオエンジニアが活躍する新しい分野となること。

200   15. これからの生物化学工学

15.1 バイオテクノロジーを飛躍的に発展させる技術革新

　これまでの科学の発展により，ヒトの生活は便利で快適なものとなってきた。しかしながら，人口問題，気候変動，および世界各国で進む高齢化社会といった諸課題があり，これからの科学技術に求められていることは，地球環境問題や食糧問題に配慮しながら，世の中を快適にし，経済を発展させていくことである。バイオテクノロジーは循環型の社会をつくるに適した技術であり，例えばモノづくりならば

　・化石燃料ではなくバイオマスや太陽光などの再生可能な資源を利用できる。
　・温和な条件で有用物を生産できる。
　・生分解性があり環境負荷の低い商品をつくることができる。

といった地球環境の維持に貢献できる条件で，再生可能な持続的プロセスを構築することが可能である。モノづくりだけでなく，廃水や汚染土壌・地下水の浄化，飲み水の安全性を診断する技術や**幹細胞**（stem cell）である iPS 細胞や ES 細胞を使った再生医療など医療分野でもバイオテクノロジーは人類に貢献し，新しい産業も生み出している。生物化学工学は，生命現象を解明し生物機能を活用するバイオテクノロジーの応用段階で必須の要素技術であり，技術の進歩とともに産業への影響度も高まっていくだろう。バイオ分野の近年の技術革新と，それにより実現可能となる未来像を考えてみる。

　DNA の配列情報によりタンパク質は合成され生命が構築される。いわば遺伝子情報は生命の設計図である。ゲノム情報の解読技術は，1990 年から始まったヒトの**ゲノム**（genome）の全塩基配列を解析する**ヒトゲノム計画**（2003 年に完了）の進展によって発展し，2007 年以降の次世代シークエンサー（next generation sequencer = NGS）が広く普及するにつれ，ゲノム解読のコストは驚異的に低コスト化している（**図 15.1**）。その結果，一つの遺伝子の解読ではなく，生物の個体の情報をすべて含むゲノムが研究対象となった。さらに膨

15.1 バイオテクノロジーを飛躍的に発展させる技術革新

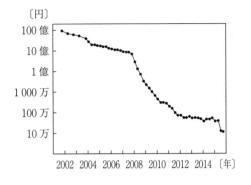

米国国立ヒトゲノム研究所のデータより作成（1ドル＝100円で計算）

図 15.1 ヒトゲノム解読に必要な費用

大なゲノム情報の解析手段として，人工知能（AI）技術の発展が利用されていき，遺伝子配列と生物機能の解明が進むと考えられる。

ある生物のゲノム情報によりその生物機能の推定が可能になるが，生物機能を人為的にデザインするツールとしてゲノム編集技術，なかでもCRISPR/Cas9（クリスパー・キャス9）が注目されている。**図 15.2**に示すように**ゲノム編集**（genome editing）は遺伝子のねらった配列を人工酵素で切断する，また外来遺伝子を挿入することができる。2012年に報告されたCRISPR/Cas9はもとは微生物がファージの感染を防ぐための免疫システムとして発見されたが，標的配列の認識と切断機構の単純さからゲノム編集技術として応用され，

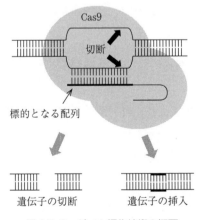

図 15.2 ゲノム編集技術の概要

急速に普及している。

NGSを用いたゲノム解読による膨大な生物情報に，ゲノム編集技術を用いて，遺伝子の改変やほかの生物や人工的に合成した遺伝子を導入することにより，生物機能の拡充が可能となる（**図15.3**）。生物システムをねらいどおりに機能させることを目標とする生物化学工学の分野においては，これらの技術の発展と出現は大きな技術革新である。

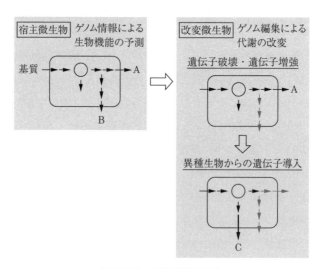

図15.3 生物機能の改変

15.2　合成生物学による生物的モノづくりの革新

アミノ酸・有機酸発酵など微生物発酵によるモノづくり技術は広く知られているが，遺伝子組換えや代謝制御技術の発展により，生産性の向上やこれまでに生産困難であった品目の追加など現在でも革新を続けている。**表15.1**は，1997年と2013年のアミノ酸の製法をまとめたものである。アミノ酸の製法としては，発酵法，酵素合成法，天然物抽出法，合成法がある。リジン，フェニルアラニン，アルギニン，ロイシンは1997年には複数の製法により製造され

15.2 合成生物学による生物的モノづくりの革新　　203

表 15.1　アミノ酸製造法の変化

アミノ酸	製法の変化	1997 年[1]	2013 年[2]
グルタミン酸		発酵法	発酵法
リジン	○	発酵法，酵素法	発酵法
スレオニン		発酵法	発酵法
フェニルアラニン	○	発酵法，合成法	発酵法
グルタミン		発酵法	発酵法
オルニチン		発酵法	発酵法
アルギニン	○	発酵法，抽出法	発酵法
トリプトファン	○	発酵法，酵素法，合成法	発酵法，酵素法
バリン		発酵法，合成法	発酵法，合成法
ヒスチジン		発酵法	発酵法
イソロイシン		発酵法	発酵法
ロイシン	○	発酵法，抽出法	発酵法
プロリン		発酵法，抽出法	発酵法，抽出法
アスパラギン酸		酵素法	酵素法
セリン	○	発酵法，抽出法	発酵法，酵素法，抽出法
システイン	○	酵素法，合成法，抽出法	発酵法，酵素法，抽出法
DL-メチオニン		酵素法，合成法	合成法
グリシン		合成法	合成法
DL-アラニン		合成法	合成法
アスパラギン		酵素法	酵素法
チロシン	○	抽出法	発酵法，抽出法

ていたが，2013 年には生産法は発酵のみに絞られた。また，チロシンは新たに発酵法による工業的製法が確立された。発酵法により生産されるアミノ酸が増えている理由は，遺伝子組換え技術の発展により従来では困難であったアミノ酸の発酵生産が可能となり実用化したことを示している。

　発酵法の強みはグルコースなどの安価な原料を利用できることで，微生物菌体内の代謝経路を利用して有用物を生産する。代謝経路は多くの酵素反応の集積であり，いうならば天然のマルチステップリアクターである。遺伝子組換えによる代謝経路の増強やフィードバック阻害を解除した酵素遺伝子の導入により従来は高生産困難であった生体成分の工業生産が可能になっている。

15. これからの生物化学工学

　発酵微生物の代謝を最適化するため，遺伝子組換えにより生産に適した微生物を育種し，代謝中間体の分析，遺伝子の発現レベルの解析を行う技術を代謝工学という．現在では，ゲノム情報やゲノム編集技術により生物をゲノムレベルで高精度にデザインする**合成生物学**（synthetic biology）が進展している．従来の発酵技術は宿主の代謝経路に存在する生体成分しか合成することができなかったが，合成生物学を用いることにより非生体成分をバイオマスからつくることも可能となってきた．1,4-ブタンジオールはポリマー原料の非生体成分であるが，**図 15.4** に示したような微生物の TCA 回路から人工の合成ルートを構築することにより，グルコースから見かけのワンポット反応で合成することができる．

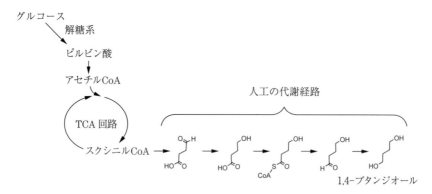

図 15.4　人工の代謝経路の導入によるグルコースから 1,4-ブタンジオールの合成

　合成生物学による発酵によるモノづくりはポリマー原料だけでなく，医薬品やエネルギー物質をつくることも可能としている．**図 15.5** はマラニアの治療薬であるアルテミシニンの前駆体であるアルテミシニン酸を，パン酵母を宿主とし，グルコースからファルネシル二リン酸（FPP）までは酵母の代謝系を利用し，その後の生合成系は植物の遺伝子を酵母に導入することにより生産を可能とした例である．この合成生物学的な方法を用いることによりアルテミシニンを微量に含む植物を大量に栽培することなく，医薬原料をつくることができる．また，FPP から別の生合成遺伝子を導入することによりジェット燃料

15.2 合成生物学による生物的モノづくりの革新

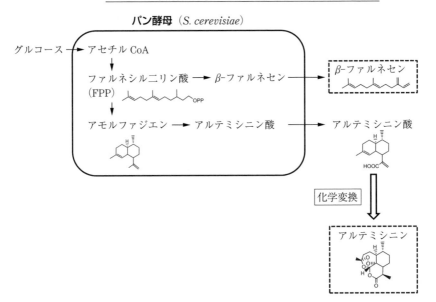

図15.5 合成生物学による酵母からの医薬品や燃料物質の合成

となるβ-ファルネセンを合成することも可能となる。さらに，藻類の代謝を改変しオイルを合成させるならば，光合成の光エネルギーを用い，炭酸ガスからエネルギー物質を合成することになり，環境負荷の少ないエネルギー源として期待できるようになる。

これまでのバイオプロセスは，グルコースなどの利用しやすい炭素源からアミノ酸や有機酸，微量の生物活性物質の合成を主とする技術であった。ゲノム情報やゲノム編集技術などのバイオテクノロジーの進展により，今後のバイオプロセスは，太陽光を含めた非枯渇資源を原料とし，さらに汎用化学品から機能性物質までの生産可能な化学物質が拡大していくことが予想される（**図15.6**）。化学プロセスをバイオテクノロジーに置き換えることで，再生可能な持続的プロセスが構築できる。

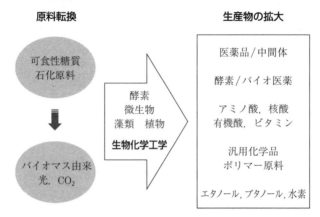

図 15.6 バイオプロセスの発展

15.3 医療の変革

　現在の疾病の治療は，手術により患部を削除や修復する外科療法や，薬を外部から投与する薬物療法が中心である．iPS 細胞や ES 細胞などの肝細胞を用いて損傷した臓器や組織を再生させる**再生医療**や細胞医療，さらには臓器移植が可能になってくれば，医者や薬剤師による外科療法や薬物療法とは異なり，治療に用いる細胞や臓器の品質管理と製造が必要となってくる．**図 15.7** に再生医療の工程を示す．手術や診断などの医療行為は医師が行うものであるが，再生医療に必要な一定の品質の細胞や臓器の評価や製造は，生物のエンジニアが行う仕事であり，生物化学工学が貢献する新しい産業になっていくと予想される．

　バイオテクノロジーの発展は，モノづくり分野では石油化学原料に代わってバイオリソースを利用し，化学プロセスをバイオプロセスに置き換えていく．持続的なプロセスになるので環境問題にも貢献できる．医療・健康分野では，バイオ医薬の進展や遺伝子治療や再生医療の本格化は，一人ひとりの個性に合った治療法の提供が可能となる．バイオプロセスで予防医療に貢献できる健

15.3 医療の変革

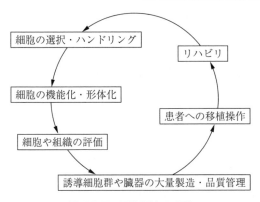

図15.7 再生医療の工程

康素材をつくることも可能であり，われわれの健康維持や治療が大きく変わり持続的な健康社会を実現することができる。生物化学工学が寄与するこれらの産業の未来像を**図15.8**にまとめた。エネルギー産業から医療分野まで多く

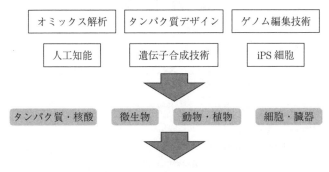

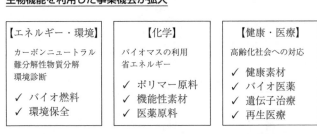

図15.8 生物化学工学が寄与する産業の未来像

208   15. これからの生物化学工学

の産業分野に影響を及ぼすことが見込まれ，新産業の創出と持続的な発展に
よって社会や経済へのインパクトが非常に大きい。

コラム **健康とバイオテクノロジーの進歩**

　ゲノム情報は生物の設計図といわれる。たしかに，遺伝的な疾病や代謝に関わる
酵素（遺伝子）の性質や量によりヒトの特質は規定された部分がある。例えば，お
酒の強さはゲノムに記されたエタノール分解酵素を調べることにより判定できる。
一方で，ゲノムは同一の一卵性双生児でも個体差があることが知られており，後天
的な影響因子の影響を無視できない。つまり，喫煙や飲酒による生活習慣やストレ
ス，運動，睡眠などによりヒトの健康状態は変化する。ゲノム情報は生物の設計図
ではなくレシピという意見もある[3]。

　今後は，個人レベルのゲノムや生活状態に合わせた効果的な健康状態の維持法が
開発されていくだろう。健康素材となる機能性物質を生物化学工学でつくったり，
細胞レベルの健康状態を調べたり，バイオテクノロジーの発展と快適性の追求は止
まらない。

------------------------------ 演 習 問 題 ------------------------------

【15.1】　バイオマス由来のグルコースから発酵によりエタノールをつくり，燃料と
　　　　して使っても結果的に炭酸ガスは増えないといわれる。それはなぜか。

【15.2】　バイオリファイナリーについて説明せよ。

【15.3】　遺伝子組換え技術を利用した新たな物質合成法や治療法は本文中の紹介例
　　　　以外にもたくさん開発されている。以下の項目について調べよ。
　　　　　① 遺伝子組換え植物
　　　　　② トランスジェニック動物
　　　　　③ 遺伝子治療

【15.4】　ゲノムを解読するメリットを述べよ。

【15.5】　ヒトの体細胞を脱分化させ多機能性をもたせた iPS 細胞が注目される理由
　　　　を調べよ。

引用・参考文献

★0章
1) 北本勝ひこほか（編）：食と微生物の事典，p.186，朝倉書店（2017）
2) 日本酵素産業小史，p.49，日本酵素協会（2009）

★1章
1) 大嶋泰治：IFO 微生物学概論，培風館（2010）
2) R.Y. スタニエほか：微生物学（上）（下），培風館（1989）
3) 鈴木健一朗ほか（編）：微生物の分類・同定実験法，丸善出版（2012）

★2章
1) D.L. ネルソン，A.L. レーニンジャー：レーニンジャーの新生化学（上）（下），廣川書店（2015）
2) D. ヴォート，J.G. ヴォート：ヴォート生化学（上）（下），東京化学同人（2012）

★3章
1) 中村桂子，松原謙一（監訳）：細胞の分子生物学（第6版），ニュートンプレス（2017）
2) 田村隆明，山本 雅（編）：分子生物学イラストレイテッド，羊土社（2009）
3) オープンバイオ研究会（編）：オープンソースで学ぶバイオインフォマティクス，東京電機大学出版局（2008）
4) 日本バイオインフォマティクス学会（編）：バイオインフォマティクス入門，慶應義塾大学出版会（2015）

★4章
1) 海野 肇ほか：新版生物化学工学，講談社（2004）
2) 小林 猛：バイオプロセスの魅力，培風館（1996）
3) S. Aiba, A. E. Humphrey, and N. F. Millis：Biochemical Engineering, University of Tokyo Press（1973）
4) 小林 猛，本多裕之：生物化学工学，東京化学同人（2002）
5) 谷口 弘：菌株保存室　遺伝資源の保護と活用，新・実学ジャーナル，**106**，pp.3-4（2013）
6) 化学工学協会（編）：ケミカル・エンジニア ― その仕事と生活 ―，東京化学同人（1981）
7) 澤田弘道：化学工業におけるプロセス開発，工場管理，**59**（10），pp.20-21（2013）

★5章
1) 和田純夫ほか：新・単位がわかると物理がわかる，ベレ出版（2014）
2) 化学工学会（編）：基礎化学工学，培風館（1999）
3) 化学工学会（編）：化学工学辞典（改訂4版），丸善（2005）

★6章

1) 齋藤恭一：なっとくする偏微分方程式，講談社（2005）
2) 山根恒夫ほか：新版生物反応工学，産業図書（2016）
3) 相良　紘：よくわかる化学工学計算の基礎 ─ 例題演習で学ぶ ─，日刊工業新聞社（2009）

★7章

1) 田宮信雄ほか（訳）：ヴォート基礎生化学（第5版），p.649，東京化学同人（2017）
2) 虎谷哲夫ほか：改訂酵素 ─ 科学と工学 ─，p.283，講談社（2012）
3) 酵素命名法（URL は 2018 年 6 月現在）
   http://www.sbcs.qmul.ac.uk/iubmb/enzyme/
4) 農林水産省：カルタヘナ法とは（URL は 2018 年 6 月現在）
   http://www.maff.go.jp/j/syouan/nouan/carta/about/
5) 辻阪好夫ほか：応用酵素学，講談社サイエンティフィック（1979）

★8章

1) S. Aiba, A. E. Humphrey, and N. F. Millis：Biochemical Engineering, University of Tokyo Press（1973）
2) R. D. Schmid：Pocket Guide to Biotechnology and Genetic Engineering, WILEY-VCH（2003）
3) 西村　功：バイオリアクター入門，工業調査会（1984）
4) 柴田武弘：バイオリアクターの世界，ハリオ研究所（1992）
5) 海野　肇ほか：新版生物化学工学，講談社サイエンティフィック（2004）
6) S. Katoh, and F. Yoshida：Biochemical Engineering, WILEY-VCH（2009）

★9章

1) 国井大蔵，古崎新太郎：移動速度論，培風館（1980）
2) 宝沢光紀ほか：拡散と移動現象，培風館（1995）
3) 化学工学会（編）：化学工学便覧（改訂5版），丸善（1988）
4) 海野　肇ほか：生物化学工学，講談社サイエンティフィック（1992）
5) P. F. Stanbury, and A. Whitaker（著）石崎文杉（訳）：発酵工学の基礎，学会出版センター（1988）
6) 田中渥夫ほか：バイオリアクター実験入門，学会出版センター（1992）
7) M.E. Young, P.A. Carroad, and R.L. Bell：Estimation of diffusion coefficients of proteins, Biotechnol. Bioeng., **22**, pp.947-955（1980）

★10章

1) S. Aiba, A. E. Humphrey, and N. F. Millis：Biochemical Engineering, University of Tokyo Press（1973）
2) 田宮信雄，八木達彦（訳）：コーン・スタンプ生化学（第5版），東京化学同人（1987）
3) 有坂文雄：よくわかるスタンダード生化学，裳華房（2015）

★11章

1）日本生物工学会（編）：生物工学実験書，培風館（2002）
2）犬伏和之，安西徹郎（編）：土壌学概論，朝倉書店（2001）
3）J.T. Trevors：One gram of soil：a microbial biochemical gene library, Antonie Van Leeuwenhoek, pp.99-106, Springer（2010）
4）S. H. Ramadhan, T. Matsui, K. Nakano, and H. Minami：High cell density cultivation of *Pseudomonas putida* strain HKT554 and its application for optically active sulfoxide production, Appl. Microbiol. Biotechnol., **97**, pp.1903-1907（2013）

★12章

1）児島宏之：アミノ酸の製造，Microbiol. Cult. Coll., **22**, pp.45-48（2006）
2）中村　純：ようやくわかってきたグルタミン酸発酵成立機作，化学と生物，**46**（2），pp.78-80，日本農芸化学会（2008）
3）馬場錬成：大村　智 — 2億人を病魔から守った化学者 —, 中央公論新社（2012）
4）大沢勝次，江面　浩：新版図集・植物バイテクの基礎知識，農山漁村文化協会（2005）
5）動物細胞培養・自動化におけるトラブル発生原因と対策，技術情報協会（2017）
6）小林　猛，本田裕之：生物化学工学，東京化学同人（2012）
7）平賀壮太，足立　隼：細菌におけるプラスミドと染色体の分配機構，蛋白質・核酸・酵素，**53**, pp.1 732-1 738（2008）
8）T.Matsui, H.Sato, S.Sato, S.Mukataka, and J.Takahashi：Effects of nutritional conditions on plasmid stability and production of tryptophan synthase by a recombinant *Escherichia coli.*, Agric Biol Chem., **54**, pp.619-624（1990）
9）T. Matsui, H. Sato, H. Yamamuro, N. Shinzato, H. Matsuda, S. Misawa, and S. Sato：High Cell Density Cultivation of recombinant E.coli for hirudin variant 1 production by temperature shift controlled by pUC18-based replicative origin, Appl. Microbiol. Biotechnol., **80**, pp.779-783（2008）

★13章

1）喜多恵子：応用酵素学概論，p.84，コロナ社（2009）
2）日本酵素協会（編）：日本酵素産業小史，p.27，日本酵素協会（2009）
3）栃倉辰六郎ほか（編）：発酵ハンドブック，p.175，共立出版（2001）

★14章

1）北尾高嶺：生物学的排水処理工学，コロナ社（2003）
2）海野　肇ほか：環境生物工学，講談社サイエンティフィック（2002）

★15章

1）児玉　徹，熊谷英彦（編）：食品微生物学，文永堂出版（1997）
2）バイオインダストリー協会：日本のバイオインダストリーの現況と将来の展望（2013）
3）吉田邦久：好きになる人間生物学，講談社サイエンティフィック（2004）

索　引

【あ】

アスコルビン酸	180
アップストリーム	62
アナロジー	125
アレニウスの式	132
アレニウスプロット	132

【い, う】

異　化	35
異性化糖	176
一次構造	27
遺伝子組換え	56
遺伝子治療	6
移動現象	120
——の相似性	125
運動量	121
運動量保存則	83

【え, お】

エアーリフト型	115
栄　養	13
栄養素	13
液体培養	22
エナンチオマー	100
エネルギー収支	82
エネルギー保存則	83
オートクレーブ	22
オミックス	4

【か】

科	17
回転円盤法	194
解糖系	36
回分操作	111
回分培養	23
化学従属栄養生物	13
化学浸透共役	38
化学的酸素要求量	188
化学独立栄養生物	13
化学量論係数	92

化学量論式	92
鍵と鍵穴説	100
核　酸	33
拡　散	89, 123
拡散係数	124
拡散流束	89
学　名	17
カタボライト・レプレッション	
	112
活性汚泥	190
活性化エネルギー	97, 132
活性中心	99
活性部位	99
合併浄化槽	195
株	17
カルタヘナ法	104
カルビン・ベンソン回路	39
桿　菌	18
幹細胞	200
換算係数	70
乾燥重量	154
乾熱滅菌	22

【き】

拮抗阻害	143
機能性油脂	178
キノン	20
気泡塔型バイオリアクター	
	115
基本単位	67
球　菌	18
境界層	126
境膜説	126
菌体収率	93
菌　類	12

【く】

クエン酸回路	38
組換えベクター	45
組立単位	67
グラム陰性	19

グラム陽性	19
グリコシド結合	31
クローニング部位	46

【け】

形質転換	45
系統解析	21
系統分類	18, 21
ゲノミクス	5
ゲノム	2, 200
ゲノム編集	201
原核生物	12
嫌　気	15
嫌気呼吸	38
嫌気処理	189
嫌気性菌	15
嫌気性消化	196
嫌気性接触法	192
検　索	58
減衰期	156
原生生物	12
減速期	156
元素収支	92

【こ】

綱	17
好圧性細菌	17
好アルカリ菌	16
好塩菌	16
好　気	15
好気呼吸	38
好気処理	189
好気性菌	15
光合成	35
光合成色素	40
好酸性菌	16
合成生物学	204
抗体酵素	97
高度好塩菌	16
好熱菌	14
好冷菌	14

索　引　213

呼 吸　35
古細菌　12
固着生物法　193
固体培養　22
固定化酵素　175
固定床　195
混合培養　22
コンポスト化　196

【さ】

再生医療　2, 206
最大反応速度　140
細胞融合　56
サブユニット　27
サンガー法　51
三次構造　27
散水ろ床法　194
酸素移動容量係数　129
酸素呼吸　38
酸素発生型光合成　40
酸素非発生型光合成　40

【し】

脂 質　28
湿菌体量　154
質量パーセント濃度　76
質量保存則　83
質量モル濃度　75
至適 pH　98
至適温度　98
脂肪酸　20, 29
死滅期　156
死滅速度　131
邪魔板　114
種　17
収 支　81
収支式　82
集積培養　59
従属栄養　13
充填層型バイオリアクター　116
集 落　18
樹立細胞系　170
純粋培養　22
硝 化　39
触 媒　137

植物工場　6
食物連鎖　187
植 菌　22
真核生物　12
浸漬ろ床法　195
真正細菌　12

【す】

水素呼吸　39
スクリーニング　58
スケールアップ　62
ステロール　30
スパージャー　113

【せ】

制限酵素　46
静止期　156
生態系　189
生体触媒　97, 137
生物学的酸素要求量　188
生物膜　193
生物膜法　193
生命情報学　52
生理活性物質　165
世代時間　158
接頭語　67
選択マーカー遺伝子　46
せん断応力　121
セントラルドグマ　44

【そ】

増殖収率　159
増殖速度　157
阻害剤　143
属　17
組織培養　56

【た】

代 謝　35
対数増殖期　156
ダイデオキシ法　51
ダウンストリーム　63
濁 度　154
脱 窒　38
単位操作　56
炭酸固定　13

単純タンパク質　28
担 体　116
タンパク質　26

【ち, つ】

中温菌　15
通気撹拌型バイオリアクター　113
通性嫌気性菌　15

【て】

定常期　156
電気泳動　49
電子伝達系　37
転 写　44

【と】

同 化　35
糖脂質　30
糖 質　31
独立栄養　13
ドメイン　17
ドラフトチューブ　115
トリプレット　44
トレハロース　177

【に, ぬ】

二次構造　27
二重境膜モデル　128
二名法　17
ニュートンの粘性の法則　121
ヌクレオチド　33

【ね】

熱拡散率　123
熱伝導度　122
熱流束　86, 122
粘 度　121

【は】

バイオ医薬品　6
バイオインフォマティクス　52
バイオエタノール　2
バイオハザード　104
バイオリファイナリー　165

214　索　　　　　引

倍加時間	158
培　地	22
ハイブリドーマ	171
培　養	22
パイロットスケール	61
発　現	45
発　酵	35
半回分操作	111
反応速度	77

【ひ】

光従属栄養生物	13
光独立栄養生物	13
非拮抗阻害	145
微好気性菌	15
微生物	12
比増殖速度	158
ヒトゲノム計画	200
ピリドキサルリン酸	182

【ふ】

フィックの（第一）法則	124
フィードバック制御	112
富栄養化	187
不拮抗阻害	146
複合タンパク質	28
複　製	44
物質移動係数	128
物質移動流束	123
物質収支	82
物質量流束	89
不飽和脂肪酸	29
浮遊物質	188
プライマー	49
フーリエの法則	122
プロテアーゼ	99
プロテオミクス	5
分子拡散	123
分類階級	17
分類群	18
分類指標	18

【へ】

ペニシリン	183
ペプチド	26
ペプチドグリカン	19
ペプチド結合	26
ヘマトサイトメーター	155
ヘミアセタール	180
変　性	28
ベンチスケール	61
ヘンリー定数	128
ヘンリーの法則	128

【ほ】

放射線耐性菌	16
飽和脂肪酸	29
補助単位	67
保存則	82
ポリヌクレオチド	33
ポリメラーゼ連鎖反応法	49
翻　訳	44

【む，め】

無機呼吸	39
無菌シール	113
メタボロミクス	5

【も】

目	17
モル濃度	74
門	17

【ゆ，よ】

誘導期	156
誘導適合説	101
溶存酸素濃度	114
溶存酸素量	188
四次構造	27
余剰汚泥	196
読み取り枠	44

【ら，り】

ラボスケール	61
リガーゼ	46
立体特異性	100
リパーゼ	178
リボザイム	97

流加操作	111
流加培養	23
硫酸呼吸	39
流動層型バイオリアクター	116
流動床	195
リン酸ジエステル結合	34
リン脂質	30

【れ，ろ】

連続操作	112
連続培養	23
ろ過除菌	22

【英語】

D 値	131
EC 番号	99
GC 含量	20
iPS 細胞	2
K-12	17
L-B プロット	148
Lineweaver-Burk プロット	148
Michaelis-Menten の式	141
Michaelis 定数	141
PCR	106
PCR 法	49
SI 単位系	67

【数字】

16S リボソーマル RNA 遺伝子	21
18S リボソーマル RNA 遺伝子	21
3 ドメイン説	12

【ギリシャ文字】

α-アミノ酸	26
α-アミラーゼ	105
α ヘリックス	102
β-酸化系	38
β シート	102

―― 編著者略歴 ――

松井　徹（まつい　とおる）
1985 年　筑波大学第二学群農林学類生物応用化学専攻卒業
1990 年　筑波大学大学院バイオテクノロジー学際カリキュラム修了
　　　　　学術博士
1990 年　株式会社日本鉱業（現，ENEOS ホールディングス）生物科学研究所勤務
2002 年　株式会社ジャパンエナジー（現，ENEOS ホールディングス）バイオ研究センター勤務
2003 年　琉球大学助教授
2007 年　琉球大学准教授
2017 年　東京工科大学教授
　　　　　現在に至る

―― 著 者 略 歴 ――

上田　誠（うえだ　まこと）
1983 年　筑波大学第二学群農林学類生物応用化学専攻卒業
1985 年　筑波大学大学院農学研究科博士課程前期修了（応用生物化学専攻）
1985 年　三菱化成工業株式会社（現，三菱ケミカル）横浜総合研究所勤務
1995 年　博士（農学）（筑波大学）
2012 年　小山工業高等専門学校教授
2018 年　京都大学客員教授（兼任）
　　　　　現在に至る

黒岩　崇（くろいわ　たかし）
2000 年　筑波大学第二学群生物資源学類卒業
2005 年　筑波大学大学院生命環境科学研究科博士課程修了（生物機能科学専攻）
　　　　　博士（生物工学）
2005 年　筑波大学博士研究員
2008 年　独立行政法人（現，国立研究開発法人）農業・食品産業技術総合研究機構博士研究員
2009 年　東京都市大学准教授
2019 年　東京都市大学教授
　　　　　現在に至る

武田　穣（たけだ　みのる）
1987 年　島根大学農学部農芸化学科卒業
1992 年　筑波大学大学院農学研究科博士課程修了（応用生物化学専攻）
　　　　　博士（農学）
1992 年　西東京科学大学（現，帝京科学大学）助手
1995 年　横浜国立大学助手
1998 年　横浜国立大学講師
2005 年　横浜国立大学准教授
2017 年　横浜国立大学教授
　　　　　現在に至る

徳田　宏晴（とくだ　ひろはる）
1988 年　筑波大学第二学群農林学類生物応用化学専攻卒業
1991 年　筑波大学大学院農学研究科博士課程単位取得中退（応用生物化学専攻）
1991 年　東京農業大学助手
1998 年　東京農業大学講師
2007 年　博士（生物工学）（筑波大学）
2007 年　東京農業大学准教授
2013 年　東京農業大学教授
　　　　　現在に至る

生物化学工学の基礎
Basics of Biochemical Engineering
Ⓒ Toru Matsui, Makoto Ueda, Takashi Kuroiwa, Minoru Takeda, Hiroharu Tokuda 2018

| 2018年8月20日 | 初版第1刷発行 |
| 2023年6月30日 | 初版第2刷発行 |

★

編 著 者	松 井　　　　　徹
著　 者	上 田　　　　　誠
	黒 岩　　　　　崇
	武 田　　　　　穣
	徳 田　　宏　　晴
発 行 者	株式会社　コロナ社
	代 表 者　牛来真也
印 刷 所	萩原印刷株式会社
製 本 所	有限会社　愛千製本所

検印省略

112-0011 東京都文京区千石 4-46-10
発 行 所　株式会社　コロナ社
CORONA PUBLISHING CO., LTD.
Tokyo Japan
振替 00140-8-14844・電話(03)3941-3131(代)
ホームページ https://www.coronasha.co.jp

ISBN 978-4-339-06756-9　C3045　Printed in Japan　　　　　(松岡)

JCOPY　<出版者著作権管理機構 委託出版物>
本書の無断複製は著作権法上での例外を除き禁じられています。複製される場合は，そのつど事前に，出版者著作権管理機構（電話 03-5244-5088，FAX 03-5244-5089，e-mail: info@jcopy.or.jp）の許諾を得てください。

本書のコピー，スキャン，デジタル化等の無断複製・転載は著作権法上での例外を除き禁じられています。購入者以外の第三者による本書の電子データ化及び電子書籍化は，いかなる場合も認めていません。
落丁・乱丁はお取替えいたします。